自然時拾樂

野塘

|編者序|

口袋裡的大自然！

台灣位在亞熱帶，氣候溫暖，加上地形多變，從海濱到三千公尺以上的高山都有，因而造就出不同的生態環境及棲地型態，真是一座生態寶島。

走進大自然裡，一花一木、一草一樹，或者蟲鳴魚躍等，都令人感動萬分。現在網路資訊十分發達，大部分的生物種類只要打名稱關鍵字，都可以查到一些基礎的訊息。不過，即便是今日筆記型電腦越設計越輕便，智慧型手機也都可以連上網路，但許多郊外的自然觀察點不一定都能無線上網。這時，一本可以放進口袋，查詢容易的小圖鑑，就如同身邊有一位知識豐富的導覽員，隨時可以進行現場解說。而且手握一書的溫潤感，是現代化的 3C 產品不能比擬的。

「自然時拾樂」系列套書的出版，就是為了讓喜歡接近大自然的朋友，不受限於環境，隨時都能掌握各種生物的基礎資訊。本套書以生態環境或易觀察地區為分冊依據，包括紅樹林、溪流、河口、野塘、珊瑚礁潮間帶、校園、步道植物，也針對許多人喜歡的自然現象，例如將千變萬化的雲編輯成書。

全套共 8 冊，開本以 9X16 公分的尺寸編輯成冊，麻雀雖小、五臟具全，每一冊都含括了一百多種不同的生物，而且每一種生物都搭配精美照片，方便讀者觀察生物的特徵及生態行為，也有小檔案提供讀者能夠快速一目了然生物的基本資訊，讓人人的口袋裡都有大自然，隨手一翻，自然就在身邊。

｜作者序｜

珍惜脆弱的野塘生態系

「野塘」，包括天然形成的池沼、湖泊，以及人工的水田、魚塭、水庫或水壩等。

它的特色是：水流緩慢或靜止，水中的溶氧量不高。住在這裡的生物，必須能夠適應低溶氧的環境才能生存，舉例來說：七星鱧有上鰓器、蓋斑鬥魚有迷器，可以直接呼吸水面空氣；還有泥鰍可以用腸子和皮膚呼吸；臺灣石鮒和高體鰟鮍則會和河蚌共生，讓受精卵在河蚌體內受到保護……。

在野塘中，水鳥、魚類、蝦蟹、水蟲、水生植物……，構成了複雜的野塘（池沼）生態系，有些互利共生，有些則弱肉強食，各有各的生存策略，各有各的看家本領，精彩萬分，值得大家仔細觀察。

除此之外，野塘還能調節微氣候。可惜近年來，由於人類的發展，野塘逐漸被填平做其他用途，還有一些野塘則是自然的陸化。不論人為或是自然，野塘生態系都極為脆弱，很容易因為環境的變化而消失，是一項隱憂。但我們至少可以做到避免人為破壞，減緩野塘生態系消失的速度。

但願本書能喚醒大家對野塘的熱愛，進而保護野塘，讓這脆弱的生態系能夠永續生存。

野塘的環境

廣義的「野塘」包括：溪流旁水流較緩慢的水域、天然湖泊或池沼，以及人工的水田、水壩或水庫等暫時性的靜止水域。

由於野塘的水流通常緩慢甚至靜止，因此水中溶氧比起流動水域要低了許多；營養鹽經年累月累積無處宣洩，經常產生「優養化」，很容易出現「藻華」現象；水質容易偏酸，除非有地下湧泉補充，否則通常混濁、不易透視到水底。

棲息在野塘的動物，呼吸系統必須特化，以因應較低的溶氧環境。以魚類來說，典型的例子有蓋斑鬥魚特化成「迷器」的鰓、七星鱧有「上

鰓器」，還有泥鰍的皮膚和腸子，這些構造都能讓牠們直接從水面以外呼吸空氣，進行氧氣與二氧化碳的氣體交換；水生昆蟲也有許多特殊的構造可以呼吸，像紅娘華的尾部特化成呼吸管、豆娘幼蟲的尾鰓、蜻蜓幼蟲水蠆的直腸鰓等，都能夠幫助牠們生活在低溶氧的野塘水域環境。

此外，野塘的濁度較高，生物的覓食方式與溪流生物不同，繁殖策略也必須調整，以便在惡劣的環境中取得優勢。在植物方面，由於台灣野塘的水生植物非常多，本書僅能介紹常見的優勢種或具有代表性的種類。

過去，連學術界都不太對這群默默生存的野塘精靈投入關注的眼神，隨著社會經濟環境的發展，許多野塘被填平蓋起高樓或建高速公路，這些生活在野塘的可憐小不點也就因此跟著銳減甚至消失。這種情況直到 2009 年才稍有改善，政府將巴氏銀鮈、飯島氏銀鮈、台灣梅氏鯿（台灣細鯿）、大鱗梅氏鯿等列為保育類加以保護。

民間也有一些熱心朋友進行復育工作，已有不錯的成果，這是台灣野塘的好消息。期盼不久的將來，能有更多人能對這群野塘中的美麗小精靈給予應有的關愛與照顧，讓牠們能永續生存！

目次

昆蟲 47

鳥類 137

探索方法

在野塘進行生物觀察比起到溪流探索，要輕鬆、安全得多，因為野塘是較為靜止的水域，不必像在溪流裡得穿梭於流動的水中測量流速和溪寬。但還是要特別留意水深，千萬小心以免滑倒。

在野塘可以用一種 U 型溫度計測量水溫，以 pH 儀測水的酸鹼值；如果沒有安全顧慮，則可以用木尺測水深。

▲在野塘探索需注意水深。

▲ U 型溫度計。

在採集方面，如果沒有障礙物，可以用手投網採集；此外，還可以垂釣、用大撈網網捕、用蝦籠或折疊式誘網誘捕。如果是進行研究，也可以用圍網網捕；蝦、蟹、蝦虎科魚類和青蛙，可

◀以木尺測量水深

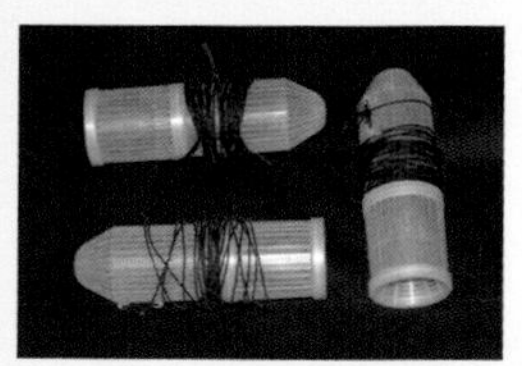

▲蝦籠

◀手投網採集

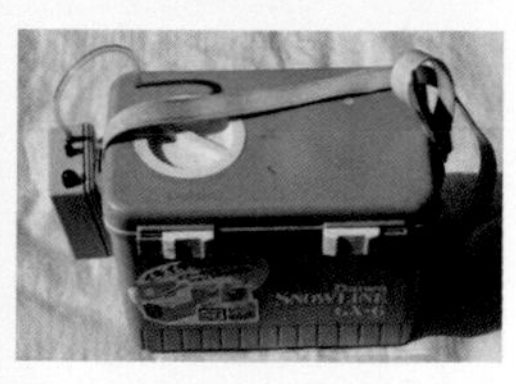

▲攜帶型水族箱

◀用釣竿垂釣

以用蝦網網捕。

除非有湧泉讓池水清澈見底，否則溪流中用的窺箱觀察法，在野塘通常無用武之地。

如果想將野塘的探索和 GIS 結合，那就需用 GPS 定位，把野塘的經緯度記錄下來，將來資料足夠時，才能有精彩的報告留存下來。

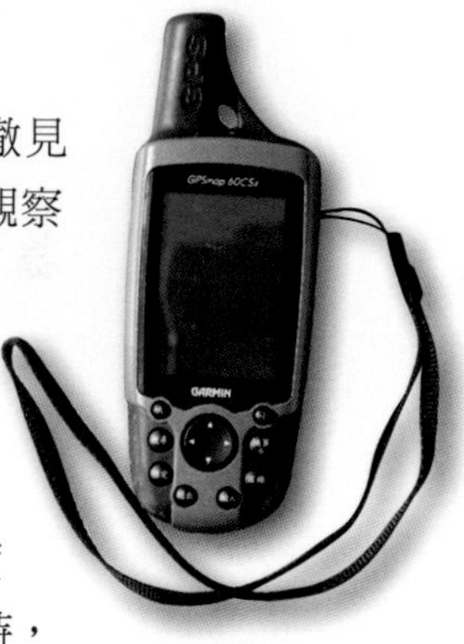

▲ GPS

本書使用方式

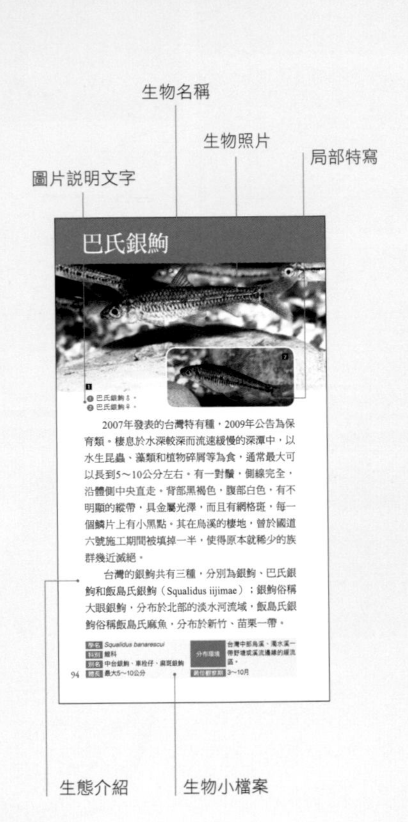

巴氏銀鮈

❶ 巴氏銀鮈♂。
❷ 巴氏銀鮈♀。

2007年發表的台灣特有種，2009年公告為保育類。棲息於水深較深而流速緩慢的深潭中，以水生昆蟲、藻類和植物碎屑等為食，通常最大可以長到5～10公分左右。有一對鬚，側線完全，沿體側中央直走。背部黑褐色，腹部白色，有不明顯的縱帶，具金屬光澤，而且有網格斑，每一個鱗片上有小黑點。其在烏溪的棲地，曾於國道六號施工期間被填掉一半，使得原本就稀少的族群幾近滅絕。

台灣的銀鮈共有三種，分別為銀鮈、巴氏銀鮈和飯島氏銀鮈（Squalidus iijimae）；銀鮈俗稱大眼銀鮈，分布於北部的淡水河流域，飯島氏銀鮈俗稱飯島氏麻魚，分布於新竹、苗栗一帶。

學名 *Squalidus banarescui*
科別 鯉科
別名 中台銀鮈、車栓仔、麻斑銀鮈
體長 最大5～10公分
分布環境 台灣中部烏溪、濁水溪一帶野塘或溪流邊緣的緩流區。
3～10月

94

水生植物

水生植物是野塘中的生產者，通常供應消費者生長所需的營養，它們也是許多水中動物躲避天敵的地方，總是在野塘中默默擔任著重要的角色。

在這些水生植物中，有些已瀕臨絕種，需要特別保護；有些會開出漂亮的花，有些卻又不怎麼起眼；還有很多是我們餐桌上常見的食材，被人類當成農作物來栽培，例如蓮（荷花）、水芋、菰、荸薺、水稻、空心菜、芡、菱、龍骨瓣莕菜等，這些植物有的還能入藥呢！

蓮

蓮花。

「蓮」全身都有用途，荷花可供觀賞，蓮蓬和蓮子可以入藥，蓮藕是人類的佳餚。蓮和荷都是指同一種植物，古時候分別指不同部位，荷指莖或葉，蓮指果實，也就是蓮蓬；不過，現在蓮或荷都指整株植物。

蓮是多年生的挺水植物，在台灣很多地方都可以看得到，北部以植物園、東北角和平溪等地最常見，南部以白河最有名。

學名	*Nelumbo nucifera*	分布環境	台灣很多地方都可以看得到，北部以植物園、東北角和平溪等地最常見，南部以白河最有名。
科別	蓮科		
別名	荷花	最佳觀察期	3～10月

芡的葉子。

為一年生的浮葉型水生植物，除了剛發芽不久的植株之外，全身長滿刺，葉片能長到像「王蓮」一般大，花紫紅色，果實中約有 70 顆種子，繁殖力很強。種子富含養分，和淮山、蓮子、茯苓等四種中藥合稱「四神」，是「四神湯」中的一味。

分布於東亞和南亞，以前台灣北部和中部都有採集的記錄，日月潭曾經一度是芡實的重要產地，可惜近年來因為棲地消失及福壽螺危害，導致野生族群消失，只剩下人為栽植的族群。不過，有不少熱心的朋友們利用各種方法栽培，也保存了不少種源，如果有適當的棲地，復育應該指日可待。

學名	*Euryale ferox*	分布環境	分布於東亞和南亞，以前台灣北部和中部都有採集的記錄，但目前只剩下人為栽植的族群。
科別	蓮科		
別名	芡實、雞頭	最佳觀察期	3～10 月

台灣萍蓬草

台灣萍蓬草的花和葉。

台灣萍蓬草是台灣特有種，主要分布在桃園和新竹，野塘或池沼是它們的重要生長環境。但近年來，人類為了開發都市，許多水域都被填平蓋建築，一棟棟高樓大廈如雨後春筍般紛紛冒出頭來，導致許多野生的台灣特有種動、植物逐漸消失，台灣萍蓬草也不例外，雖然現在許多地方都有人為栽培的族群，但意義大為不同。

台灣萍蓬草為多年生浮葉植物，在水中有少許的沈水葉，沈水葉比較小而且比較薄。花黃色，柱頭紅色，此項特徵有別於日本萍蓬草，可以輕易區分。

學名	*Nelumbo nucifera*	分布環境	主要分布在桃園和新竹的野塘或池沼
科別	蓮科	最佳觀察期	3～10月

睡蓮

睡蓮。

睡蓮的品種非常多，台灣現存的品種，大多是園藝雜交而成，花的顏色形形色色，紫、淡紅、黃、粉紅等都有。齒葉睡蓮 *Nymphaea lotus* 的花為白色。台灣原生的子午蓮 *N. teragona* 和藍睡蓮 *N.stellata*，這兩種睡蓮可能已經在野外絕跡了，非常可惜。

睡蓮為多年生浮葉植物，繁殖方式多樣，隨種類而異，有些能以種子繁殖，有些種類以地下莖出芽生殖，還有些品種能在葉中直接出芽產生新子代。

學名	*Nymphaea* sp	分布環境	全國各地零星栽培
科別	蓮科	最佳觀察期	3～10月

芋

水芋。

芋分布於中國、印度、中南半島和澳大利亞，通常生長在水田或潮濕的地方，經過人工栽培，已經開始適應陸域生活。芋的品系很多，種在陸上就是「陸芋」，種在水中就是「水芋」，但其實都是同種。

芋是一年到多年生植物，地下塊莖就是芋頭，葉卵形到接近圓形，具有長柄，盾狀著生，基部心形。佛燄花序，但很少看到開花，農民通常以分芽方式繁殖。

在台灣許多水田都有它們的蹤跡，食用方法也很多樣，像蘭嶼達悟族以芋頭為主食，還有甲仙的芋仔和芋仔冰、草湖芋仔冰、大甲芋頭酥等，大家也都耳熟能詳。

學名	*Colocasia esculenta*	分布環境	中國、印度、中南半島和澳大利亞，通常生長在水田或潮濕的地方。
科別	天南星科		
別名	芋頭	最佳觀察期	2～11月

水芙蓉

水芙蓉。

水芙蓉又名大萍或大薸，原本分布於南美洲，現在已經擴散到全世界的熱帶和亞熱帶地區，成為歸化種。在野外，常見於池沼、野塘、湖泊等靜止水域或水流較緩的地方。

水芙蓉是多年生漂浮型水生植物，植物體蓮座狀，表面密密的覆蓋毯毛，具有走莖。葉子倒三角形，單性花淺綠色，佛燄花序，雄蕊在上方，種子橢圓形。由於它那蓮座狀的造形很迷人，常被培養在盆中當觀賞值物。

學名	*Pistia stratiotes*	分布環境	原本分布於南美洲，現在已經擴散到全世界的熱帶和亞熱帶地區。常見於池沼、野塘、湖泊等靜止水域或水流較緩的地方。
科別	天南星科		
別名	大萍、大薸	最佳觀察期	3～10月

荸薺

荸薺植株。

分布於熱帶及亞熱帶非洲、亞洲和太平洋群島，在台灣分布於全島低海拔濕地、沼澤和野塘。多年生挺水植物，具有地下走莖，能行分芽生殖，繁殖力很強，也會開花結果，以種子繁殖子代。葉已退化到只剩下葉鞘，桿圓柱形，綠色、叢生，高約 40 ～ 100 公分。

台灣原生的荸薺不會產生塊莖，市面上能買到的荸薺塊莖是經過人工栽培出來而變種的「甜荸薺 *E. dulcis* var. *tuberose*」所生產的。

學名	*Eleocharis dulcis*	分布環境	熱帶及亞熱帶非洲、亞洲和太平洋群島，在台灣分布於全島低海拔濕地、沼澤和野塘。
科別	莎草科		
別名	水燈芯草	最佳觀察期	3 ～ 10 月

空心菜

❶ 空心菜。 ❷ 台灣原生種空心菜。

　　空心菜為一年到多年生水生植物，莖中空，橫躺在水中，有節的地分都能長出根來，而且能行分芽繁殖，也能開花、結果，以種子繁殖，因此繁殖力很強、生命力旺盛。目前已歸化到世界各地，台灣則栽培成重要的蔬菜，也有一部分野生的族群。

　　台灣原生的空心菜，莖暗紅色，花粉紅色；栽培種則品系很多，大部分莖為綠色或淡綠色，花白色，已能在陸域種植。

學名	*Ipomoea aquatica*	分布環境	已歸化到世界各地
科別	旋花科		
別名	蕹菜、甕菜、水甕菜	最佳觀察期	3～10月

台灣菱

台灣菱植株。

提到菱角，很多人都會垂涎三尺。菱角就是它們的果實，富含澱粉。

台灣菱為一年生的浮葉型水生植物，根會著生在水底的泥土之中，葉子柔軟，寬菱形，葉緣為不規則的齒狀，背面紅色，葉柄中段膨大，充滿空氣，有浮囊功能。夏天開白色花，腋生，果實紅色，肩角向下彎曲，頂端有倒鉤刺，成熟時轉為黑色。

學名	*Trapa bicornis*	分布環境	台灣南部零星栽培
科別	菱科		
別名	菱角	最佳觀察期	3～10月

開卡蘆

開卡蘆植株

開卡蘆分布於西非到印度、馬來西亞、中國大陸、日本、台灣及澳洲等地區。在台灣，主要生長在低海拔淡水沼澤、野塘、濕地或溪流邊緣一帶。

本種為高大的挺水或濕生植物，莖直立，高可達 1.5 ～ 4 公尺，具有發達的根莖，可分芽生殖擴散成很大的族群，莖中空有節，頂生圓錐花序，小穗較疏而且沒有光澤，此點可和蘆葦區別。

開卡蘆可以做掃帚和遮陽簾，莖也可以做成童玩，是許多人兒時的玩物與回憶。

學名	*Phragumites vallatoria*	分布環境	西非到印度、馬來西亞、中國大陸、日本、台灣及澳洲等地區。台灣主要生長在低海拔淡水沼澤、野塘、濕地或溪流邊緣一帶。
科別	禾本科		
最佳觀察期	3 ～ 10 月		

稻

結穗的稻。

稻米是我們的主食，稻在數千年前就被人類栽培成重要的食物，原本分布於亞洲地區，現在世界各地都已廣泛種植，在台灣的中低海拔地區，都有它們的蹤跡。它是一年生的挺水或濕生植物，高約 1 公尺，莖中空有節，頂生圓錐狀花序，果為穎果，除去果皮（外殼也就是俗稱的粗糠）就是糙米，再除去種皮（米糠）和胚芽就是白米，但是糙米或胚芽米的營養價值遠高於白米。

稻米是全世界一半以上人口的主要食糧。在台灣，通常一年兩收，南部較熱地區也有一部分一年三期的收成。

學名	*Oryza sativa*
科別	禾本科
最佳觀察期	2～11 月
分布環境	世界各地廣泛種植，台灣在中低海拔地區。

菰

❶ 菰。 ❷ 原生的茭白筍。

菰分布於東亞和南亞，中國大陸早在周朝以前就被人類栽培成為重要食物，在台灣，常見被栽培於水田和溝渠。

它是多年生的挺水植物，可高達 2 公尺，莖直立，莖被「黑穗菌」感染寄生變得膨大就是「茭白筍」，現在還有「美人腿」的雅稱。黑穗菌的苞子成熟後就會變成黑色，使得茭白筍看起來布滿黑點，被誤會成為「黑心」，更有「黑心商人」拿漂白水來將之漂白，影響大家的健康。其實，依筆者栽培經驗，茭白筍只要不是太老採收，就不會有黑點產生。

學名	*Zizania latifolia*
科別	禾本科
別名	茭白筍、美人腿

分布環境	分布於東亞和南亞，台灣常見栽培於水田和溝渠。
最佳觀察期	3～10 月

水禾

水禾植株。

水禾分布於斯里蘭卡、印度、馬來西亞、印尼、中國大陸、台灣等熱帶亞洲。台灣的原始分布為宜蘭冷泉地區，目前已擴散到全台各地。

水禾是多年生的挺水或浮葉植物，匍匐生長，每節都會長根，葉子卵形或卵狀的長橢圓形，葉鞘會膨大成囊狀，能貯存空氣，讓植物體浮在水面。水禾能行出芽生殖，很快便能鋪滿水面，也會開花結果，以種子繁殖。

學名	*Hygroryza aristata*	分布環境	斯里蘭卡、印度、馬來西亞、印尼、中國大陸、台灣等熱帶亞洲。
科別	禾本科		
最佳觀察期	3～10月		

水鱉

水鱉的葉子。

水鱉分布於南亞、東亞、中國及澳洲東部，台灣是否有原生種分布，歷年來爭議不休，但目前各地都有栽培種。

水鱉的葉子浮於水面，具有走莖可行分芽生殖，冬季會在節之間形成「越冬芽」，第二年氣溫升高之後，再重新長出植株。葉下有氣囊，有助於讓水鱉浮於水面。也會開花、結果，以種子繁衍子代，花白色，果實圓球形，種子表面有突起，橢圓形。

學名	*Hydrocharis dubia*
科別	水鱉科
別名	白蘋、馬尿花
分布環境	南亞、東亞、中國及澳洲東部。
最佳觀察期	3～10月

苦草

苦草螺旋狀的花。

苦草分布於歐洲和東南亞，台灣目前野外能見到的族群，可能是水族業者引進當做觀賞植物的外來歸化種。

它是多年生的沈水植物，在水族箱中植株優雅、美麗，葉子柔軟，叢生，帶狀，在野外的池沼中，可以直立生長，但在溪流中則會順著水流生長，葉子可長達 1 ～ 1.5 公尺以上。

螺旋狀的花，具有管狀佛燄苞，花梗很長，成熟時佛燄苞會裂開，雄花脫離浮出水面，雌花管狀。

學名	*Vallisneria spiralils*	分布環境	歐洲和東南亞
科別	水鱉科	最佳觀察期	3 ～ 10 月

水蘊草

水蘊草的莖葉。

原產於南美洲的巴西，經由水族業者的引進，目前已擴散到全球各地，在台灣，低海拔的野塘、溝渠之中，到處都有它們的蹤跡。

水蘊草是多年生的沈水型水生植物，葉細小3～6枚輪生，莖圓，長而柔軟，可長達1～2公尺；花白色，單性，會挺出水面，花瓣3枚，台灣目前只有雄株。

它和原生的水王孫（黑藻）*Hydrilla verticillata* 長得很像，主要的區別在於水王孫的葉腋有兩片褐色的鱗片、雌花平貼水面、會產生休眠芽，這三種重要特徵水蘊草都沒有。

學名	*Egeria densa*	分布環境	原產於南美洲巴西，目前已擴散到全球各地。
科別	水鱉科	最佳觀察期	3～10月

田蔥

田蔥植株。

田蔥廣泛分布於東南亞和澳洲，在台灣主要分布於新竹以北的野塘、湖泊、沼澤和濕地。

本種為多年生挺水或濕生植物，葉劍形，基部有鞘排成兩列，植株扁平狀，開花期可高達1.5公尺以上，花黃色，穗狀花序，雌雄同株，蒴果橢圓形，種子黑色。

學名	*Philydrum lanuginosum*	分布環境	東南亞和澳洲，在台灣主要分布於新竹以北的野塘、湖泊、沼澤和濕地。
科別	田蔥科		
最佳觀察期	3～10月		

水金英

水金英的花葉。

水金英原產於南美洲，由於園藝業者引進，目前已經擴散到全世界，廣泛種植成觀賞的花卉植物。

水金英為多年生的浮葉型水生植物，葉從基部生出，有匍匐莖可行分芽生殖，葉子革質卵圓形，葉下表面可以很清楚的看到五條從葉基伸出到頂端的葉脈，中間的主脈還能看到網格狀的組織，能通空氣，使葉片順利漂浮在水面。花黃色，雄蕊褐色，花的造形很漂亮。

學名	*Hydroeleys nymphoides*	分布環境	原產於南美洲，目前已經擴散到全世界。
科別	黃花藺科	最佳觀察期	3～10月

粉綠狐尾藻

綠胸晏蜓在粉綠狐尾藻上產卵。

粉綠狐尾藻原產於南美洲，可能是園藝或水族業者引進，現在已擴散到全世界，台灣常見於野塘、池沼或溪流。

它是多年生的挺水植物，雌雄異株，但台灣只有雌株。挺出水面的葉子有白粉羽毛狀，4～6 枚輪生，花期 5～7 月，台灣的植株沒看過結出果實，以出芽方式繁殖。

夏天常有晏蜓科的蜻蜓在粉綠狐尾藻或其他水生植物的莖上產卵，是蜻蛉目昆蟲的「產房」。

學名	*Myriophyllum aquaticum*
科別	小二仙科
別名	水聚藻、大聚藻、松藻
分布環境	原產於南美洲，目前已經擴散到全世界，台灣常見於野塘、池沼或溪流。
最佳觀察期	3～10 月

野慈菇

開花的野慈菇。

在世界上，野慈菇分布於中亞、印度、中南半島、中國大陸、日本、琉球、台灣和菲律賓；在台灣常見於低海拔地區的水田、野塘、池沼和濕地。

野慈菇是多年生挺水植物，葉子箭形，具有長長的葉柄，形狀很像剪刀，所以又被叫做「三腳剪」。旺盛的地下走莖和前端膨大的球莖能很快的分芽生殖，也會開白色花，結出大量的果實，以眾多種子繁殖子代，因此繁殖迅速，在水田中，是農民眼中最難纏的雜草之一。

學名	*Sagittaria tnrifolia*	分布環境	中亞、印度、中南半島、中國大陸、日本、琉球、台灣和菲律賓；在台灣常見於低海拔地區的水田、野塘、池沼和濕地。
科別	澤瀉科		
別名	三腳剪、野茨菇、水芋仔	最佳觀察期	3～10月

台灣水韭

台灣水韭植株。

台灣水韭是台灣特有種，野生族群只生長在台北陽明山國家公園七星山的夢幻湖。

本種為多年生的沈水型水生植物，枯水期水量少的時候，植物體也會露出水面。葉子為針狀，從基部叢生出來，長大約 10 ～ 20 公分，長相超像中在水裡的韭菜，所以稱為水韭。

葉子的基部扁平，會產生孢子囊果來繁殖子代，在不同的葉子上，會生長出大、小孢子囊。

學名	*Isoetaces taiwanensis*	分布環境	台北陽明山七星山夢幻湖
科別	水韭科	最佳觀察期	3 ～ 10 月

台灣水蘿

台灣水雍植株。

台灣水蘿是台灣特有種，最早在桃園地區被發現，近年來在台中海線地區的水稻田，也有族群生長。

台灣水蘿是多年生植物，具有塊莖，能以塊莖進行出芽生殖，繁殖力很強。葉子叢生，長橢圓形，水量豐沛的時候能漂浮於水面；水量不足時，也會平貼在潮濕的泥土表面。每年 4 ～ 5 月開始長出葉子，秋、冬季節，地上葉枯萎，只剩下地下塊莖度冬。

由於地下塊莖長得很像小芋頭，被稱為「水芋仔」，但農民不喜歡它們，常當成雜草，欲除之而後快！

學名	*Aponogeton taiwanensis*	分布環境	最早在桃園地區被發現，近年來在台中的海線地區的水稻田，也有穩定的族群生長。
科別	水蕹科		
別名	水芋仔	最佳觀察期	4～11 月

水萍

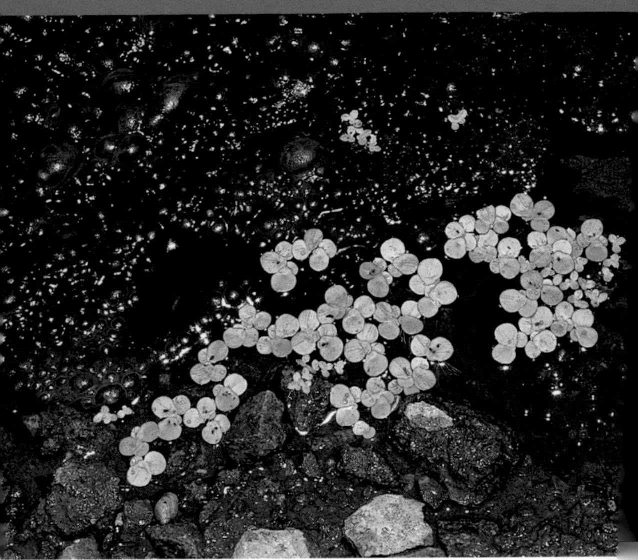

水萍的植物體為葉狀。

水萍是全世界廣泛分布的水生植物，台灣低海拔各地水田、池沼、野塘、溝渠、溪流和沼澤都能見到它們的蹤跡，常和青萍生長在一起。

它是多年生的漂浮性水生植物，冬季會產生越冬芽，沈到水底度冬。植物體葉狀，常 2 ～ 5 片連在一起，葉下表面常呈紫紅色，根約 7 ～ 20 條，能不斷的出芽生殖，因此繁衍迅速；也會開花結果，以種子繁殖後代。

學名	*Lemna polyrhiza*
科別	浮萍科
別名	浮萍
分布環境	全世界廣泛分布，台灣低海拔水田、池沼、野塘、溝渠、溪流和沼澤。
最佳觀察期	3 ～ 10 月

品藻

品藻的植物體為葉狀。

品藻分布於全世界的溫帶地區，台灣只有北部和南部有野生族群，主要生長在水溫較涼冷的湧泉水域區。

它是多年生沈水植物，植物體長得像葉子一樣，葉狀體具有長長的柄，互相連在一起成為鏈狀。葉狀體窄卵形，每一葉狀體有一條根。

人們對品藻的研究還很缺乏，目前對它所知不多。

學名	*Lemna trisulca*	分布環境	全世界溫帶地區，台灣只有北部和南部有野生族群，主要生長在水溫較涼冷的湧泉水域區。
科別	浮萍科		
別名	品萍	最佳觀察期	3～10月

豆瓣菜

豆瓣菜的植株。

豆瓣菜分布於歐洲地中海地區和亞洲，目前已經擴散到美洲、非洲、澳洲和紐西蘭一帶。台灣的中、低海拔地區，許多水田、沼澤、野塘、溪流都能見到它們；在餐廳，豆瓣菜還是一道名菜喔！

它是多年生的挺水植物，莖的分枝很多，能以出芽方式很快長出半匍匐性的新植株，生命力旺盛。葉子圓形，互生，羽毛狀，頂端的小葉比側邊的小葉大。花白色，有些植株不開花。果實為長角果，會開花的植株能以種子繁殖。

學名	*Nasturtium officinale*	分布環境	歐洲地中海地區和亞洲，目前已經擴散到美洲、非洲、澳洲和紐西蘭一帶。台灣中低海拔許多水田、沼澤、野塘、溪流也都能看見。
科別	十字花科		
別名	無心菜	最佳觀察期	3～10月

布袋蓮

開花的布袋蓮。

布袋蓮原產於南美洲的巴西，目前已經擴散到全世界熱帶、亞熱帶及溫帶地區。台灣大約在西元 1897 年左右引進，現在到處都有它們的蹤跡，主要生長於沼澤、野塘、湖泊、溝渠和溪流。

它是多年生的浮水型水生植物，葉子革質，葉柄中段膨大成圓球狀，裡面充滿空氣，能幫助植物體漂浮在水面上，具有走莖，能不斷的行出芽生殖，經常在短短的兩、三個月內便能長滿整個河道，阻礙水流，影響運輸、飲水、農漁業養殖和灌溉。花朵豔麗、迷人，形狀像鳳眼，所以又被稱為「鳳眼蓮」；花序又像風信子，所以它的英文名稱就叫做 waterhyacinth（水風信子）。

學名	*Eichhornia crassipes*	分布環境	原產於南美洲巴西，目前已擴散到全世界熱帶、亞熱帶及溫帶地區。台灣到處都有蹤跡，主要生長於沼澤、野塘、湖泊、溝渠和溪流。
科別	雨久花科		
別名	洋雨久花、鳳眼蓮、水風信子	最佳觀察期	4～11月

田字草

田字草的葉片。

分布於熱帶非洲和東南亞地區，在台灣，生長在中、低海拔的水田、野塘、沼澤、濕地或田埂中。

田字草為多年生挺水或浮葉型水生或濕生植物，根莖匍匐生長於土中或泥土表層。小葉四片排成很像「田」字，夜間葉片會摺疊起來，類似睡眠的樣子。有細長的葉柄，在水量豐沛的時候，葉柄柔軟，葉片能漂浮在水面；在枯水期水量較少的時候，可將葉片挺出到水面之上。孢子囊果腋生，但主要以根莖出芽生殖的方式為繁殖策略擴散族群，農民常欲除之而後快！

學名	*Marsilea minuta*
科別	田字草科
別名	鹽酸仔草
分布環境	熱帶非洲和東南亞地區，台灣生長在中低海拔的水田、野塘、沼澤、濕地或田埂中。
最佳觀察期	3～10月

水蕨

水蕨植株。

在世界上，水蕨分布於泛熱帶地區，台灣低海拔各地都有它們的蹤跡，主要生長在沼澤和濕地。

本種為一年到多年生挺水或濕生植物，葉子有兩型，孢子葉一到三回羽狀裂葉，裂片線形，邊緣會反捲，孢子囊在反捲的葉緣之中；另一型為營養葉，一到二回羽狀裂葉，裂片比孢子葉寬很多，葉裂片凹進去的地方常有不定芽。

學名	*Ceratopteris thalictroides*	分布環境	泛熱帶地區，台灣低海拔各地都有它們的蹤跡，主要生長在沼澤和濕地。
科別	鳳尾蕨科		
最佳觀察期	3～10月		

蓴菜

蓴菜的葉。

蓴菜只生長於酸性湖沼，在台灣只分布在宜蘭縣中海拔山區少數腐植質堆積較深的酸性湖泊、野塘或池沼中。近年來，在強烈人為干擾以及生態演替，蓴菜已經是瀕危的稀有植物。雖然近年來，在雙連埤附近已開始復育，但成效還不明顯。

蓴菜是多年生浮葉型的水生草本植物，具有橫走根狀莖，植物體最長可伸長到 3 公尺左右，葉組織細胞間隙大且多，可增加水中浮力；根、莖導管不發達；因具有凝膠層，莖頂和新葉的背面會分泌黏液，因此新株外表包覆著一層透明的膠質，嫩莖可以食用，也可加冰糖製成果凍布丁，雙連埤附近耆老稱蓴菜為「水凍」；或製做成蓴菜酵素，有利於養生。由於稀有，曾有一公斤賣到新台幣 1400 元的記錄。

學名	*Brasenia schreberi*	分布環境	只生長於酸性湖沼，在台灣只分布在宜蘭縣中海拔山區少數腐植質堆積較深的酸性湖泊、野塘或池沼中。
科別	蓴菜科		
別名	蓴、水葵、露葵、水凍	最佳觀察期	1～12 月

花菖蒲

花菖蒲的花朵。

顧名思義，「花菖蒲」就是會開花的菖蒲，目前世界上能看到的花菖蒲，幾乎都是從原產於日本的野生花菖蒲培育而來。

在日本江戶時期（西元 1603 ～ 1867 年），花菖蒲是由野生花菖蒲改良成功的名花，由幕末時期武士「松本平左金吾」所創。目前，花菖蒲大致有江戶系、肥後系、伊勢系三大品系和長井古種等。

花菖蒲為多年生草本，宿根型挺水植物，花期 4 ～ 5 月，生長於野塘、沼澤或濕地。葉扁平展開，呈扇狀排列，葉面覆有薄層白粉，葉脈平滑，線形，有細小的縱向平行脈葉。地下莖節緊密、粗壯，鬚根很多而且有纖維狀的枯葉稍。花瓣顏色因品系而異，花型很大，非常適合觀賞。

學名	*Iris ensata*	分布環境	野塘、沼澤或濕地。
科別	鳶尾科		
別名	鳶尾、玉蟬花	最佳觀察期	4～5月

黃花水龍

黃花水龍的花朵。

黃花水龍為多年生挺水型草本植物，最長可達 5 公尺。具有匍匐莖或浮生莖，而且每個莖節都有發根性，蔓生或挺立生長，整株沒有毛。葉互生，長橢圓形，葉托大。花開於枝頂，腋生，花瓣 5 枚，金黃色，極為搶眼。呼吸根特化成浮水囊，除了可輔助呼吸之外，還可幫助植物體增加浮力。由於匍匐莖浮在水面生長，形狀宛如一條龍，而且生命力非常旺盛，生長迅速，繁殖非常快，沒多久就能長出一大片，覆蓋整個野塘、湖泊或溪流，因此被稱為「水龍」或「過江藤」。

學名	*Ludwigia x taiwanensis*	分布環境	野塘、湖泊或溪流。
科別	柳葉菜科		
別名	台灣水龍、水江龍、水龍、過江藤	最佳觀察期	4～5月

水車前

水車前。

水車前為一年生沈水型草本水生植物，具有鬚根，莖很短。葉叢生，具有短葉柄，葉片卵形或心形，綠色，具 5 ～ 9 條平行脈。花單出，佛燄苞有柄，邊緣葉基生，葉片因生長環境條件不同而形態各有所差異，常見葉形有狹長形、披針形至線形，全緣或有細齒。台灣原生種的花瓣白色；雄蕊黃色；子房下位，接近圓形。花期 4 ～ 10 月，11 ～ 12 月結果，果實造形優美；種子細小多數，紡錘形，種皮上有縱條紋，被有白毛。

由於棲地減少，台灣的水車前已逐漸稀有，園藝界引進外來的水車前，花瓣為淡紫色或淺藍色，是和原生種區分的重要特徵。

水車前可改良土壤、可食用、可當綠肥，據說還具有療效，可以入藥。

學名	*Ottelia alismoides*	分布環境	目前多為園藝種
科別	水蘿科 (水鱉科)(Hydrocharitaceae) 水車前屬 (Ottelia)		
別名	龍舌草、水車前、水白菜	最佳觀察期	4 ～ 11 月

鴨舌草

鴨舌草為一年生草本挺水植物，生長於野塘、水田、沼澤或濕地；莖部不明顯，全株高約10～40公分，直立或是斜向生長；葉根生，水中葉線形或近於匙形；水上葉狹披針形或卵狀披針形，具有長長的葉柄，葉柄基部有一個深綠色的闊鞘。總狀花序，大約由2～21朵花構成，花被6片，鮮豔的紫藍色，長橢圓形，凋謝後並不馬上脫落，會掛在植物體上一段時間；雄蕊6枚，有一枚會特別大；花在清晨開放，中午過後便會枯萎，生命期短，但會以「宿根」方式度冬；花期大約4～8月。果實橢圓形，長約1.2公分；種子很小，數量很多，長約0.1公分。

在水田中，由於生命力旺盛、繁殖迅速，而且超會吸收土壤中的養分，農人特別討厭它，常被當成雜草，欲除之而後快，因此，常常可在水田旁邊看見被拔除、晒乾的鴨舌草。

學名	*Monochoria vaginalis*	分布環境	野塘、水田、沼澤或濕地。
科別	雨久花科		
別名	田芋仔、雨久花、學菜、福菜、斛菜	最佳觀察期	3～11月

昆蟲

野塘中的水生昆蟲種類繁多，許多物種可能連名字都還沒有。由於牠們的生態、習性比較特殊，平常又生長在水中，觀察不易，所以相關的研究也相對缺乏，對人類來說，水生昆蟲是比較陌生的領域，有待大家努力解開水中生命的奧祕。

除了生活在水裡的水生昆蟲以外，還有各種蜻蜓和豆娘，也都是野塘邊常見的昆蟲。

大黽椿

中後腳細長發達，以較短的前腳來捕捉獵物，然後用刺吸式口器吸食體液，成蟲能飛翔，不過通常利用水的表面張力浮在水面，腳具油質毛叢，能敏銳察覺水面輕微的振動，以感應捕捉掉落水面的小蟲。雌蟲產卵在水中植物或枯枝上，孵化後的若蟲便能浮向水面活動。從平地到低、中海拔山區池塘或溪流等緩水域都有分布，全年都能看見。本屬有2種，另一種為*A. paludum*。

學名	*Aquarius elongatus*	分布環境	平地到低、中海拔山區池塘或溪流等緩水域都有分布。
科別	水黽科		
別名	大水黽		
體長	約2～2.5公分	最佳觀察期	1～12月

紅娘華

紅娘華是野塘中常見的昆蟲，常將尾部的呼吸器伸出水面呼吸。生性兇猛，肉食性，一對前腳特化成鐮刀狀，是捕食其他動物的利器，喜歡捕食蝌蚪、小魚等為食，動物一旦被牠捉住，便很難脫身。除此之外，關於牠們的生態習性目前人類所知不多，還需大家深入研究。

學名	*Nymphaea* sp
科別	紅娘華科
別名	水蠍子
體長	約 4～5 公分
分布環境	平地到低、中海拔山區池塘或溪流等緩水域都有分布。
最佳觀察期	1～12 月

負子蟲

❶ 負子蟲。❷ 負子蟲腹面。

負子蟲生性兇猛，肉食性，捕食小魚、小蝦、小蝌蚪等為食。牠們的身體寬扁，後腳特化為游泳足，前腳為捕捉足，臭腺並不發達。

負子蟲的長相很特別，常可看見雄蟲寬闊的背上黏著許多小球體，而且很有規律地緊密排列，所背負的這些小饅頭，就是牠的兒女們，也就是負子蟲所產下的卵，而雄蟲負責背負這些卵寶寶，一直到牠們孵化後才會離開，所以被叫做「負子蟲」。

學名	*Diplonychus esakii*	分布環境	從平地到低海拔的水田或野塘
科別	負椿科		
別名	茄藤樹		
體長	約 1.5～1.8 公分	最佳觀察期	1～12 月

白粉細蟌

白粉細蟌♂。

白粉細蟌是一種很可愛的小型豆娘，牠和橙尾細蟌並列為台灣最小的豆娘。成熟的白粉細蟌雄蟲，在胸部、頭的額部和上唇，以及腳的上半部都有濃厚的白粉，好像沾滿了白糖粉，很有趣；但未成熟的白粉細蟌身上幾乎沒有白粉。

在台灣，本種普遍分布於海拔 1000 公尺以下雜草叢生的水域，包括沼澤、水田、小溪流、灌溉溝渠等，終年可見成蟲的蹤跡。

學名	*Agriocnemis femina oryzae*	分布環境	海拔 1000 公尺以下雜草叢生的水域，包括沼澤、水田、小溪流、灌溉溝渠等。
科別	細蟌科		
別名	豆娘、秤仔		
體長	2～2.5 公分	最佳觀察期	1～12 月

橙尾細蟌

橙尾細蟌♂。

橙尾細蟌雄蟲的合胸綠色，從側面看，有一條藍黑色斑紋。腹部的背面為黑色，腹面淡綠色或黃綠色，第 7 節的後半部起到第 10 節為橙色。體型及體色和未成熟的白粉細蟌類似，但沒有濃濃的白粉，而且下肛附器很短、不發達。腹長約 1.5 ～ 1.7 公分，後翅長約 0.9 ～ 1 公分。雌蟲的複眼上半部為黑褐色，下半部為綠色或黃綠色，上唇褐色。未成熟的雌蟲胸部為淡橙紅色，腹部淺紅。

在台灣，橙尾細蟌普遍分布在海拔 500 公尺以下的低海拔地區；習性和白粉細蟌相似，喜歡棲息在雜草叢生的溪流、野塘或小溝渠邊緣，常會和白粉細蟌混居在一起生活。

學名	*Agriocnemis pygmaea*	分布環境	海拔 500 公尺以下，雜草叢生的溪流、野塘或小溝渠邊緣。
科別	細蟌科		
別名	豆娘、秤仔		
體長	腹長約 1.5 ～ 1.7 公分，後翅長約 0.9 ～ 1 公分。	最佳觀察期	3 ～ 12 月

葦笛細蟌

葦笛細蟌交尾。

葦笛細蟌是一種中小型的豆娘，雄蟲的複眼上半部為黑色，下半部為綠色或水藍色，頭部有一點藍色粉末覆蓋在上面。合胸灰藍色，有濃厚的藍色粉末覆蓋，從側面看，有不很明顯的黑褐色斑紋。翅膀透明，翅痣黃褐色。腹部為黑色，第 8 ～ 10 節為水藍色。腹長約 2.4 ～ 2.6 公分，後翅長約 1.5 ～ 1.7 公分。未成熟的個體，第 8 ～ 10 節為淡藍色或橙紅色。雌蟲的體色與未成熟的雄蟲類似，但整個腹部都是一致的黑褐色。合胸有藍、綠色兩型。

在台灣，本種普遍的分布在海拔 1500 公尺以下的中低海拔地區；喜歡棲息在水生植物繁茂的野塘或湖泊，常見成蟲停棲在浮水型植物的葉子上生活。幾乎整年都可以看見成蟲的蹤跡，也喜歡貼在水面快速飛行。

學名	*Cercion calamorum dyeri*	分布環境	海拔 1500 公尺以下，水生植物繁茂的野塘或湖泊。
科別	細蟌科		
別名	豆娘、秤仔		
體長	腹長約 2.4 ～ 2.6 公分，後翅長約 1.5 ～ 1.7 公分。	最佳觀察期	1 ～ 12 月

昧影細蟌

昧影細蟌交尾。

　　昧影細蟌雄蟲的複眼上半部為綠色，下半部為黃色或黃綠色。合胸黃綠色。翅膀透明，翅痣褐色。腹部為黃色，第 7 ～ 10 節為黑色。腹長約 3.1 ～ 3.2 公分，後翅長約 2 ～ 2.2 公分。未成熟的個體，體色綠色的部分不明顯，合胸為黃褐色，第 7 ～ 10 節為褐色。雌蟲的體色與雄蟲類似，但整個腹部的背面為黑褐色，腹面黃色。未成熟的雌蟲體色黃褐色，腹部顏色比成熟的雌蟲淡。

　　在台灣，本種普遍的分布在海拔 2000 公尺以下的地區，中、北部較常見；喜歡棲息在水生植物繁茂的田間溝渠、山澗、野塘、池沼或小溪流的水流較緩處，常見雌雄連結飛行或產卵。

學名	*Ceriagrion fallax falla*	分布環境	海拔 2000 公尺以下，水生植物繁茂的田間溝渠、山澗、野塘、池沼或小溪流水流較緩處。
科別	細蟌科		
別名	豆娘、秤仔		
體長	腹長約 3.1 ～ 3.2 公分，後翅長約 2 ～ 2.2 公分。	最佳觀察期	2 ～ 12 月

紅腹細蟌

紅腹細蟌交尾。

紅腹細蟌雄蟲的頭橙紅色，複眼為綠色。合胸橙黃色或黃綠色。翅膀透明，翅痣黃色。腹部為橙紅色。腹長約3～3.4公分，後翅長約2～2.4公分。雌蟲的體色與雄蟲類似，但合胸的色彩變化很大，從褐色、黃褐色、黃綠色到淡黃綠色都有。腹部的背面為紅褐色或褐色，腹面黃色。

在台灣，本種普遍分布在海拔 500 公尺以下的地區，是極為常見的豆娘；喜歡棲息在水生植物繁茂的湖泊、野塘、池沼等比較靜止的水域，常見雌雄連結飛行或產卵。幾乎一年四季都可以看見成蟲的蹤跡。

學名	*Ceriagrion latericium ryukyuanum*	分布環境	海拔 500 公尺以下，水生植物繁茂的湖泊、野塘、池沼等較靜止的水域。
科別	細蟌科		
別名	豆娘、秤仔		
體長	腹長約 3～3.4 公分，後翅長約 2～2.4 公分。	最佳觀察期	1～12 月

朝雲細蟌

❶ 朝雲細蟌♂。 ❷ 朝雲細蟌♀。

雄蟲複眼上黑下綠，合胸綠底有黑線，翅膀透明，翅痣褐色有雙色調，腹部前6節橙色，第8、9節藍色。雌蟲合胸前方黑色，中胸有棕色線條，其餘綠色，腹部背面黑色，腹面綠色。

棲息於台灣北部和東北角低海拔山區的水田和休耕田，分布地區非常狹小。

學名	*Lshnura aurora aurora*
科別	細蟌科
別名	豆娘、秤仔
體長	約2～2.5公分

分布環境	台灣北部和東北角低海拔山區的水田和休耕田。
最佳觀察期	3～11月

藍彩細蟌

藍彩細蟌♂。

雄蟲複眼上黑下藍，合胸有藍粉，側面有兩條黑帶，翅膀透明，翅痣淺褐色，腹部黑色，側面下半有淡藍斑，第 8 ～ 10 節有藍粉。

雌蟲複眼上黑下淡綠，合胸類似雄蟲，略偏黃綠色，沒有藍粉，腹部比雄蟲粗大。

本種在台灣 1996 年才有發表紀錄，分布於宜蘭、屏東等海拔 600 公尺以下的靜水區。

學名	*Onychargia atrocyana*	分布環境	宜蘭、屏東等海拔 600 公尺以下的靜水區。
科別	細蟌科		
別名	豆娘、秤仔		
體長	約 2.5 ～ 3 公分	最佳觀察期	4 ～ 10 月

瘦面細蟌

瘦面細蟌♂

瘦面細蟌雄蟲的複眼藍色。合胸藍色或淡藍色，從側面看，有一條明顯的黑褐色斑紋。翅膀透明，翅痣黑褐色。腹部的背面第 2 ～ 7 節及第 10 節為黑色，第 8 ～ 9 節為水藍色，腹面為一致的藍色，肛附器黑色。腹長約 3 ～ 3.3 公分，後翅長約 2.1 ～ 2.2 公分。雌蟲的的複眼綠色，合胸綠色或淡綠色，有一條明顯的橙褐色斑紋。翅膀透明，翅痣黃褐色。腹部的背面黑褐色，從側面看為淡黃綠色。腹長約 2.9 ～ 3.2 公分，後翅長約 2 ～ 2.1 公分。

在台灣，本種普遍分布在海拔 500 公尺以下的中低海拔地區，是台灣常見的豆娘；喜歡棲息在水草繁茂的溪流、池沼、野塘或湖泊。從二月中旬起一直到年底幾乎都可以看見成蟲的蹤跡，雌雄常連結產卵，雌蟲也常將雄蟲帶入水中潛水產卵在沉水植物的莖上。

學名	*Pseudagrion microcephalum*	分布環境	海拔 500 公尺以下，水草繁茂的溪流、池沼、野塘或湖泊。
科別	細蟌科		
別名	豆娘、秤仔		
體長	雄蟲腹長約 3 ～ 3.3 公分，後翅長約 2.1 ～ 2.2 公分。	最佳觀察期	3 ～ 12 月

環紋琵蟌

環紋琵蟌♂。

環紋琵蟌是一種分布普遍且常見的豆娘，雄蟲複眼上半部黑色，下半部水藍色，合胸淡藍色，從側面看有兩條黑色斑紋。翅膀透明，翅痣黑褐色，腳白色或淡藍，脛節膨大。腹部的背面黑色或黑褐色，腹面白色，3 ～ 7 節有白斑，第 9 ～ 10 節和肛附器為乳白色。腹長約 3.5 ～ 3.8 公分，後翅長約 2.1 ～ 2.4 公分。雌蟲的體色和雄蟲類似，但脛節不膨大；未成熟的雌蟲，淡藍色的部分則為橙紅色。

在台灣，本種普遍的分布在 500 公尺以下的湖泊、野塘、沼澤等地，喜歡在陰暗的草叢裡活動，在繁殖季節，常見雌蟲和雄蟲連結在水生植物上產卵。

學名	*Copera annulata*	分布環境	500公尺以下的湖泊、野塘、沼澤等地。
科別	琵蟌科		
別名	豆娘、秤仔		
體長	腹長約 3.5 ～ 3.8 公分，後翅長約 2.1 ～ 2.4 公分。	最佳觀察期	2 ～ 11 月

脛蹼琵蟌

❶ 脛蹼琵蟌♀。 ❷ 脛蹼琵蟌♂。

脛蹼琵蟌是一種在低海拔地區，居家附近就能看見、非常常見而且模樣可愛的豆娘。雄蟲的複眼上半部黑色，下半部為黃綠色。合胸黑色，有幾條不規則的黃色斑紋；翅膀透明，翅痣深棕褐色。腳黃色，脛節膨大。腹部為黑褐色，第3～7節的前端有白斑，第9～10節和肛附器白色，未成熟的個體，腹部則為白色。腹長約3.1～3.3公分，後翅長約1.8～2公分。雌蟲體色和雄蟲類似，僅身上黑褐色的部分比較淡，腳則為黃褐色。

在台灣，本種普遍分布在500公尺以下低海拔地區，幾乎終年都有成蟲的蹤跡。喜歡棲息在野塘、湖泊、沼澤及灌溉溝渠附近，可以容忍稍有汙染的農田等環境，也可以接受日照充足的地方。

學名	*Copera marginipes*	分布環境	500公尺以下，野塘、湖泊、沼澤及灌溉溝渠附近。
科別	琵蟌科		
別名	豆娘、秤仔		
體長	腹長約3.1～3.3公分，後翅長約1.8～2公分。	最佳觀察期	1～12月

麻斑晏蜓

麻斑晏蜓♂。

麻斑晏蜓雄蟲的複眼為綠色，複眼上半部的顏色較深，額部前方有黑褐色的「工」字形斑紋。合胸為綠色，沒有斑紋。翅膀透明，後翅的翅基為褐色，中央部分有橙褐色斑，翅痣為黃褐色。腹部黑色，第 1 腹節側面為綠色，第 2 ～ 3 腹節藍色，第 4 ～ 8 腹節有黃色或黃綠色的碎狀斑點。肛附器黑褐色，腹長約 6.2 ～ 6.8 公分，後翅長約 5 ～ 5.4 公分。雌蟲大致和雄蟲類似，但後翅中央靠近翅基處的斑為淡褐色，而且腹部的黃色斑紋比雄蟲發達。

本種普遍分布於海拔 1000 公尺以下的湖泊、野塘等靜止水域，數量明顯比本屬其他各種多，是本屬分布最廣的種類。雄蟲飛行快速且飛行路線沒有規則可循。稚蟲喜歡居住在水生植物繁茂的水域，雌蟲喜歡將腹部伸到水生植物的莖上產卵。幾乎終年都有成蟲活動的蹤跡。

學名	*Anax panybeus*	分布環境	海拔 1000 公尺以下的湖泊、野塘等靜止水域。
科別	晏蜓科		
別名	田嬰仔		
體長	腹長約 6.2 ～ 6.8 公分，後翅長約 5 ～ 5.4 公分。	最佳觀察期	1 ～ 12 月

綠胸晏蜓

❶ 綠胸晏蜓。 ❷ 綠胸晏蜓產卵。

綠胸晏蜓的體型比麻斑晏蜓小，是台灣本屬之中體型最小的。雄蟲的複眼為綠色，前額下方有一條橫向而且很細的黑色斑紋。合胸為綠色，從側面看沒有斑紋。翅膀透明，翅基為褐色，翅痣為黃褐色。腹部棕褐色，腹部的第 1 腹節為綠色，第 2 ～ 3 腹節藍色，每個腹節有長形的黃褐色斑紋。腹長約 5.2 ～ 5.8 公分，後翅長約 5 ～ 5.5 公分。雌蟲大致和雄蟲類似，但第 2 ～ 3 腹節藍色較淡，腹部為黃褐色。

本種普遍分布在海拔 500 公尺以下的山區湖泊或野塘，居住在比較靜止的水域，稚蟲喜歡居住在水生植物繁茂的水域。雌雄連結產卵，產卵時雌蟲有時會將整個腹部伸到水中。

學名	*Anax parthenope julius*	分布環境	海拔 500 公尺以下的山區湖泊或野塘等比較靜止的水域。
科別	晏蜓科		
別名	田嬰仔		
體長	腹長約 5.2 ～ 5.8 公分，後翅長約 5 ～ 5.5 公分。	最佳觀察期	3 ～ 11 月

烏帶晏蜓

❶ 烏帶晏蜓（♀藍色型）。 ❷ 烏帶晏蜓（♀綠色型）。

烏帶晏蜓雄蟲的複眼為藍色。合胸為綠色，從側面看有兩條黑色或黑褐色斑紋。翅膀透明，翅基為褐色，翅痣為黃褐色。腹部黑色，腹部的第 1 腹節為綠色，第 2 ～ 3 腹節有水藍色斑紋，第 4 腹節以後有藍色斑點。肛附器黑褐色，腹長約 5.2 ～ 6 公分，後翅長約 4.6 ～ 4.8 公分。雌蟲大致和雄蟲類似，但有「藍」、「綠」兩型；藍色型的複眼和腹部的斑點為藍色，綠色型的複眼和腹部的斑點為綠色。

本種普遍分布於海拔 2500 公尺以下的山區湖泊或野塘，喜歡居住在比較靜止的水域，稚蟲則躲在水生植物繁茂的水域，雌蟲喜歡將腹部伸到水生植物的莖上產卵。從一月中旬以後一直到十月都有成蟲活動的蹤跡。

學名	*Anax nigrofasciatus nigrofasciatus*	分布環境	海拔 2500 公尺以下的山區湖泊或野塘等比較靜止的水域。
科別	晏蜓科		
別名	田嬰仔		
體長	腹長約 5.2 ～ 6 公分，後翅長約 4.6 ～ 4.8 公分。	最佳觀察期	2 ～ 10 月

長鋏晏蜓

長鋏晏蜓♂。

長鋏晏蜓雄蟲的複眼為藍色或藍綠色，額部前方有黑褐色的斑紋。合胸為綠色，中脊線有一條粗的黑色斑紋。翅膀透明，翅基為淡褐色，翅痣為淡褐色。腹部黑色、黑褐色或黃褐色，第 2 腹節背面有黃綠色的倒 T 字紋，中央兩側有較細的斑紋。第 4 ～ 8 腹節的背面每節都有兩個山形的黃色或黃綠色斑紋。上肛附器為細長的黑色，中央褐色，下肛附器為黑褐色。腹長約 4.7 ～ 5 公分，後翅長約 4.5 ～ 4.8 公分。雌蟲大致和雄蟲類似，但腹部的豐腰區比較發達。

本種普遍分布在海拔 500 公尺以下的低海拔地區，稚蟲棲息於小水塘等靜止的水域，雌蟲通常會在梅雨季節選擇沼澤地岸邊的泥地上產卵。從一月中旬起一直到十一月中都有成蟲活動的蹤跡。

學名	*Gynacantha hyalina*	分布環境	海拔 500 公尺以下小水塘等靜止的水域。
科別	晏蜓科		
別名	田嬰仔		
體長	腹長約 4.7 ～ 5 公分，後翅長約 4.5 ～ 4.8 公分。	最佳觀察期	2 ～ 11 月

朱黛晏蜓

朱黛晏蜓♂。

朱黛晏蜓雄蟲的複眼上半部為綠色，下半部為黃綠色。合胸為黑色，從正面看有兩條「！」型黃斑，從側面看有兩塊大面積的黃色斑紋。翅膀透明，翅基隱約可見黃褐色，翅痣為黑色。腹部黑色，腹部的第 2 腹節有「山」字形的的黃色斑紋，第 3 ～ 8 腹節背面有兩個黃色的斑紋。肛附器黑色，腹長約 5.6 ～ 6.2 公分，後翅長約 5 ～ 5.5 公分。雌蟲大致和雄蟲類似，但腹部體色偏橙褐色，且腹部最後兩節有棘狀突起。

本種普遍分布於海拔 1500 公尺以下中低海拔地區，喜歡居住在森林溪流，雌蟲會在覆蓋著苔蘚的樹幹上、泥土中、石頭上和耐陰植物莖上產卵。棲地範圍很廣，只要山區溪流邊靜止的水域都有牠們的蹤影。

學名	*Polycanthagyna erythromelas paiwan*	分布環境	海拔 1500 公尺以下森林溪流。
科別	晏蜓科		
別名	田嬰仔		
體長	腹長約5.6～6.2公分，後翅長約5～5.5公分。	最佳觀察期	3～12月

粗鉤春蜓

粗鉤春蜓♂。

粗鉤春蜓雄蟲的複眼為綠色或綠褐色，額有一條黑色的斑紋。合胸為黑色，從前面看，左右兩邊各有一個小面積的黃斑，再來是「八」字形的黃色斑紋，接著又有一條黃顏色的橫向斑紋；從側面看有四條黃色的斑紋。翅膀透明，翅基隱約有褐色斑，翅痣為黑色。腹部為黑色，各節都有黃色斑紋，第 8 腹節延伸形成扇狀，其中沒有黃斑，是和細鉤春蜓區分的重要特徵。肛附器黑色，上肛附器細長。腹長約 5.7 ～ 5.9 公分，後翅長約 4.2 ～ 4.6 公分。雌蟲體型和體色都類似雄蟲，但腹部黃色的斑紋比雄蟲還要發達。

本種普遍分布於台灣全島海拔 1000 公尺以下的中低海拔湖泊、野塘等比較靜止的水域。雄蟲會在湖泊或野塘週圍繞圈飛行、巡弋，偶爾也會停在突出的樹枝或植物莖上休息；雌蟲會進行連續性的點水產卵。

學名	*Ictinogomphus pertinax*	分布環境	海拔 1000 公尺以下的中低海拔湖泊、野塘等比較靜止的水域。
科別	春蜓科		
別名	田嬰仔		
體長	腹長約 5.7 ～ 5.9 公分，後翅長約 4.2 ～ 4.6 公分。	最佳觀察期	3 ～ 9 月

慧眼弓蜓

慧眼弓蜓♂。

慧眼弓蜓雄蟲的複眼為有金屬光澤的墨綠色或綠色，前額和唇有黃色斑紋。合胸為墨綠色，有金屬光澤。從側面看有三條黃色的斑紋。翅膀透明，翅痣為不明顯的黃褐色。腹部為黑色，各節都有黃色斑紋，第 3 腹節的黃色斑紋幾乎環繞整圈。腹長約 5.2 ～ 5.8 公分，後翅長約 4.6 ～ 5.2 公分。雌蟲的黃色斑紋比雄蟲發達。

本種普遍分布於台灣全島海拔 1000 公尺以下中低海拔湖泊、野塘等比較靜止的水域。雄蟲會在湖泊或野塘周圍長距離繞圈飛行、巡弋，雌蟲會進行點水產卵。

學名	*Macromia clio*	分布環境	海拔 1000 公尺以下中低海拔湖泊、野塘等比較靜止的水域。
科別	弓蜓科		
別名	田嬰仔		
體長	腹長約 5.2 ～ 5.8 公分，後翅長約 4.6 ～ 5.2 公分。	最佳觀察期	3 ～ 10 月

小紅蜻蜓

❶ 小紅蜻蜓♂。 ❷ 小紅蜻蜓♀。

小紅蜻蜓是全世界最小的蜻蜓。雄蟲的複眼上半部為紅色，下半部為黑褐色，還沒成熟的個體複眼則為黃褐色。合胸為紅色或紅褐色，還沒成熟的個體則為褐色。翅膀透明，翅基橙黃色或黃褐色，翅痣為黑色，翅脈為紅色。腹部紅色，未成熟的個體腹部則為黃褐色。腹長約 1.2 ～ 1.4 公分，後翅長約 1.3 ～ 1.5 公分。雌蟲的複眼上半部為紅褐色，下半部為黑褐色。合胸為黑色，從側面看三條黃色的斑紋。翅膀透明，翅基為淡褐色。腹部黑色或黑褐色，體型比雄蟲稍小，腹長約 1 ～ 1.2 公分，後翅長約 1.2 ～ 1.5 公分。

本種零星分布於全台灣 800 公尺以下中低海拔野塘、湖泊或池沼等比較靜止的水域。雄蟲會停在附近的枝頭頂端；雌蟲會單獨的在水邊連續點水產卵。

學名	*Nannophya pygmaea*	分布環境	海拔 800 公尺以下野塘、湖泊或池沼等比較靜止的水域。
科別	蜻蜓科		
別名	田嬰仔		
體長	腹長約 1.2 ～ 1.4 公分，後翅長約 1.3 ～ 1.5 公分。	最佳觀察期	4 ～ 9 月

漆黑蜻蜓

漆黑蜻蜓♂。

漆黑蜻蜓是台灣第二小的蜻蜓，雄蟲的複眼為有亮麗金屬光澤的綠色，非常搶眼。合胸為有金屬光澤的暗綠色或墨綠色。翅膀透明，前翅翅基淡黃色或淡褐色，後翅淡褐色部分約占翅膀的一半面積，翅痣為淡黃色。腹部黑色，末端自第 6 ～ 10 腹節膨大為紡錘形，腹節之間有不明顯的白色斑紋。腹長約 0.4 ～ 1.5 公分，後翅長約 1.7 ～ 1.8 公分。雌蟲長得和雄蟲類似，複眼為褐綠色，腹部為圓筒狀，第 6 ～ 10 腹節不膨大。

本種是不普遍的種類，零星分布在全台灣北部、東北部及中部 1000 公尺以下的中低海拔少數野塘、湖泊或池沼等靜止的水域。雄蟲經常會停在岸邊附近的植物上，不太怕人類靠近；雌蟲會停在比較隱密的地方，不太容易看到；在繁殖季節，雌蟲會快速點水產卵，產完卵之後便飛得不知去向。

學名	*Nannophyopsis clare*	分布環境	台灣北、東北及中部 1000 公尺以下少數野塘、湖泊或池沼等靜止水域。
科別	蜻蜓科		
別名	田嬰仔		
體長	腹長約 0.4 ～ 1.5 公分，後翅長約 1.7 ～ 1.8 公分。	最佳觀察期	2 ～ 9 月

廣腹蜻蜓

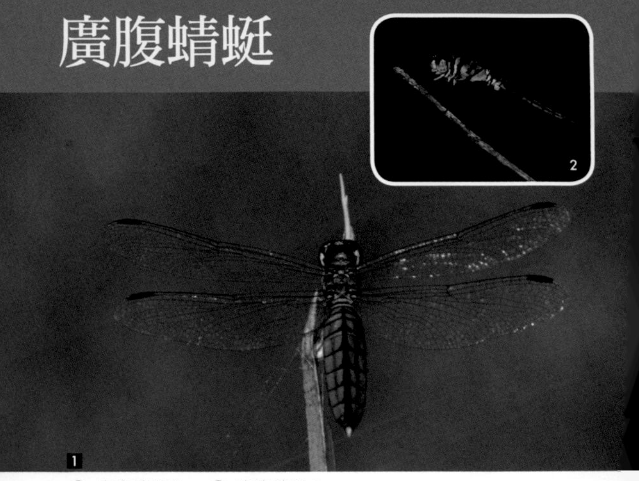

❶ 廣腹蜻蜓♀。 ❷ 廣腹蜻蜓♂。

雄蟲複眼上褐下黃，額到上唇白色，合胸黃色，側面有三條黑線，翅膀透明，翅痣黑褐色。腹部寬大而扁，前 9 節背面紅色，有黑色中線，第 10 節和攫握器黑色。腹面黑褐色，兩側為對稱的圓形黃斑。未熟個體腹部黃褐色。雌蟲腹部黃褐色，背面有五條黑色縱線，在視決上形成四排排列整齊的長柱形黃斑。

本種分布於野塘等較為靜止的水域，喜歡較陰暗的環境，雄蟲偏愛停棲在突出的枝條上，雌蟲會在離水較遠的樹叢中出現。

學名	*Lyriothemis elegantissima*	分布環境	野塘等較為靜止的水域，喜歡較陰暗的環境。
科別	蜻蜓科		
別名	田嬰仔		
體長	約 4 ～ 4.5 公分	最佳觀察期	5 ～ 10 月

霜白蜻蜓（中印亞種）

❶ 霜白蜻蜓飛行護衛。 ❷ 霜白蜻蜓羽化。

霜白蜻蜓（中印亞種）雄蟲的複眼為墨綠色或綠褐色。胸部為帶有泛紫光色澤的藍灰色或灰褐色。翅膀透明，翅基部分為深褐色，翅痣為黑色。腹部紅色或暗紅色，第 1 腹節約有半圈的藍灰色。腹長約 3.2 ～ 3.6 公分，後翅長約 3.6 ～ 4.1 公分。雌蟲合胸黃褐色，沒有斑紋，腹部黃褐色。

在台灣本亞種普遍分布於海拔 2000 公尺以下的湖泊、野塘、水田等比較靜止的水域，是一種常見的蜻蜓。稚蟲棲息於湖泊、野塘、水田等地，終年有成蟲活動的蹤跡。在繁殖季節，雄蟲會護衛產卵。

學名	*Orthetrum pruinosum neglectum*	分布環境	海拔 2000 公尺以下的湖泊、野塘、水田等比較靜止的水域。
科別	蜻蜓科		
別名	田嬰仔		
體長	腹長約 3.2 ～ 3.6 公分，後翅長約 3.6 ～ 4.1 公分。	最佳觀察期	1 ～ 12 月

鼎脈蜻蜓

鼎脈蜻蜓♂。

鼎脈蜻蜓雄蟲的複眼為黑褐色。合胸黑色，沒有斑紋，有少許的藍灰色粉末。翅膀透明，翅端沒有褐色，翅膀基部黑色，沒有藍灰色粉末；翅痣為黑色。腹部第 3 ～ 7 腹節為灰白色，第 8 ～ 10 腹節黑色。腹長約 3.3 ～ 3.5 公分，後翅長約 3.5 ～ 3.7 公分。還沒成熟的雄蟲，合胸和腹部黃色。雌蟲複眼為藍綠色。合胸黃色，從側面看有兩條黑色的斑紋。翅膀透明，翅端為也透明沒有褐色斑，翅膀基部褐色，翅痣為黑色。腹部第 1 ～ 8 腹節為黃色而且有黑色的線條，第8～10腹節黑色。腹長約3.3～3.5 公分，後翅長約 3.5 ～ 3.7 公分。

在台灣本種普遍分布於海拔 1500 公尺以下的湖泊、野塘和林間溪澗、水田等比較靜態的水域，是一種很常見的蜻蜓。雄蟲喜歡停在突出的枝頭上，繁殖季節會護衛雌蟲產卵。雌蟲以連續點水的方式產卵。

學名	*Orthetrum triangulare subsp*	分布環境	海拔 1500 公尺以下湖泊、野塘和林間溪澗、水田等較靜態的水域。
科別	蜻蜓科		
別名	田嬰仔		
體長	雄蟲腹長約 3.3～3.5 公分，後翅長約 3.5～3.7 公分。	最佳觀察期	3～12月

黃紉蜻蜓

黃紉蜻蜓♂。

黃紉蜻蜓雄蟲的複眼為深褐色，額部為白色。合胸黑色，從側面看有兩條不很明顯的黃色斑紋。翅膀透明，翅基有黑褐色斑，後翅的面積比前翅大，翅痣為黑褐色，翅尖有小面積的黑褐色。腹部黑色，成熟的個體第 3 ～ 4 腹節白色，還沒成熟的個體則為黃色。腹長約 2.8 ～ 3.2 公分，後翅長約 4 ～ 4.2 公分。

在台灣本種普遍分布於海拔 2000 公尺以下的湖泊、沼澤或野塘岸邊有樹林或草叢的地區，是一種很常見的蜻蜓。雄蟲喜歡沿著岸邊來回巡弋飛行，停下來休息的時間通常很短暫，領域行為非常明顯，雄蟲經常會因為爭奪領域而激烈追逐爭鬥。在繁殖季節雄蟲和雌蟲交尾後，雄蟲會放開雌蟲，讓雌蟲以連續點水的方式產卵在水邊的浮木上或水生植物的莖上。

學名	*Pseudothemis zonata*	分布環境	於海拔 2000 公尺以下湖泊、沼澤或野塘岸邊有樹林或草叢的地區。
科別	蜻蜓科		
別名	田嬰仔		
體長	腹長約 2.8 ～ 3.2 公分，後翅長約 4 ～ 4.2 公分。	最佳觀察期	4 ～ 11 月

褐斑蜻蜓

❶ 褐斑蜻蜓♂。 ❷ 褐斑蜻蜓♀。

褐斑蜻蜓雄蟲的複眼為暗紅褐色。合胸褐色，有少許的細黑色斑紋。翅膀透明，從翅膀基部起約有三分之二範圍為橙黃色，翅痣和翅脈為橙紅色。腹部橙紅色，背面有黑色的線條。腹長約 2 ～ 2.3 公分，後翅長約 2.4 ～ 2.7 公分。還沒成熟的雄蟲體色為黃色或淡黃褐色。雌蟲體型類似雄蟲，體色為黃色或淡黃褐色，翅膀基部沒有橙黃色部份，翅痣為黃褐色。

在台灣本種普遍的分布於海拔 3000 公尺以下的湖泊、野塘和和水田等比較靜態的水域，是一種很常見的蜻蜓。從一月中旬到十二月中都有成蟲活動的蹤跡。雄蟲喜歡在水域旁邊的草叢附近活動，也喜歡停在突出的枝頭上，很少飛離到遠處。在繁殖季節雌蟲會以連續點水的方式產卵，也會把卵產在水中植物的莖上。

學名	*Brachythemis contaminate*	分布環境	海拔 3000 公尺以下的湖泊、野塘和和水田等較靜態的水域。
科別	蜻蜓科		
別名	田嬰仔		
體長	腹長約 2 ～ 2.3 公分，後翅長約 2.4 ～ 2.7 公分。	最佳觀察期	2 ～ 11 月

侏儒蜻蜓

❶ 侏儒蜻蜓♀。

侏儒蜻蜓是台灣的小型蜻蜓，雄蟲的複眼為水藍色或藍灰色。合胸灰藍色，有少許的黑色斑紋。翅膀透明，翅痣為黃色或黃褐色。腹部藍色或灰藍色，第 7 腹節後半部和第 8 ～ 10 腹節黑色。肛腹器乳白色或淡乳黃色。腹長約 1.9 ～ 2.1 公分，後翅長約 2 ～ 2.4 公分。雌蟲複眼為上半部為褐綠色，下半部藍色。合胸黃綠色，從側面看有兩、三條不規則而且細小的黑色斑紋。腹部為黃綠色，背面中央和兩側有黑色的線條，體型大小和雄蟲相近。

在台灣本種普遍分布於海拔 800 公尺以下的湖泊、野塘和林間的溪澗、水田等比較靜態的水域，是一種極為常見的蜻蜓。會以成蟲的方式度冬，因此整年都有成蟲活動的蹤跡。雄蟲喜歡停在水域旁邊的草叢中活動，也會飛離水域到平地的草叢中來回巡弋飛行；領域性很強，常會驅趕其他雄蟲。在繁殖季節，雌蟲以點水的方式產卵，雄蟲會在附近停棲護衛。

學名	*Diplacodes trivialis*	分布環境	海拔 800 公尺以下湖泊、野塘和林間的溪澗、水田等較靜態的水域。
科別	蜻蜓科		
別名	田嬰仔		
體長	腹長約 2 ～ 2.3 公分，後翅長約 2.4 ～ 2.7 公分。	最佳觀察期	1 ～ 12 月

粗腰蜻蜓

❶ 粗腰蜻蜓♂。 ❷ 粗腰蜻蜓♀。

粗腰蜻蜓是一種很可愛的小型蜻蜓，雄蟲的複眼為水藍色。合胸淺藍色，有許多不規則的黑色斑紋。翅膀透明，翅痣為淡黃色或淡黃褐色。腹部第 1 ～ 7 腹節為水藍色，背面和腹面有幾排黑色的斑紋，第 2 ～ 5 腹節膨大，第 8 ～ 10 腹節黑色。上肛附器上方白色，上肛附器下方和下肛附器黑色。腹長約 1.6 ～ 1.9 公分，後翅長約 18 ～ 22 公分。雌蟲複眼上半部為黃褐色混雜，下半部為淡綠褐色。體型和雄蟲類似，體色上半部為黃褐色，下半部為淡水藍色。

在台灣本島和蘭嶼，本種普遍分布於海拔 1000 公尺以下的湖泊、野塘和田間小水塘，是一種很常見的蜻蜓。從二月中旬到十一月中都有成蟲活動的蹤跡。雄蟲喜歡停在野塘邊的草叢上，雌蟲以連續點水的方式產卵。

學名	*Acisoma panorpoides panorpoides*	分布環境	海拔 1000 公尺以下的湖泊、野塘和田間小水塘。
科別	蜻蜓科		
別名	田嬰仔		
體長	腹長約 1.6 ～ 1.9 公分，後翅長約 18 ～ 22 公分。	最佳觀察期	3 ～ 11 月

焰紅蜻蜓

焰紅蜻蜓♂。

焰紅蜻蜓雄蟲的複眼上半部為紅褐色，下半部為淡綠色。合胸黃褐色，從側面看有三條的黑色斑紋，前兩條聯結成「U」字型，合胸的中脊線為黑色。翅膀透明，後翅的翅基橙色或淡紅褐色，翅痣為紅褐色或褐色。腹部紅色，第4～10腹節兩側的後緣有黑色斑紋。肛腹器黃褐色或淡紅色，形狀有點像牛的角。腹長約2.5～2.6公分，後翅長約2.8～3公分。還沒成熟的雄蟲，合胸和腹部黃色。雌蟲合胸和腹部為黃褐色或黃色。

在台灣本種普遍分布於中、北部海拔1000公尺以下的湖泊、野塘、水田和沼澤等比較靜態的水域，是一種常見的蜻蜓。大致而言，四月中旬以後，才有成蟲開始活動。雄蟲喜歡停在水域旁邊突出的枝頭上、草叢及橋面等地，領域性很強，性情強悍而且喜歡爭奪領域。在繁殖季節會連結產卵，雌蟲也會單獨以點水的方式產卵。

學名	*Sympetrum eroticum ardems*	分布環境	於中、北部海拔1000公尺以下湖泊、野塘、水田和沼澤等較靜態的水域。
科別	蜻蜓科		
別名	田嬰仔		
體長	腹長約2.5～2.6公分，後翅長約2.8～3公分。	最佳觀察期	1～2月以及4～12月

溪神蜻蜓

溪神蜻蜓♂。

雄蟲複眼深褐色，合胸和腹部前四節有藍色粉末，翅膀透明，翅痣黑褐色，腹部 5 ～ 7 節，背部和兩側有黃斑，第 8 節只有側面有黃斑，第 9 節以後黑色。雌蟲合胸為黃褐色，胸側有 4 條不等長的黑線，腹部黃褐色。

本種原本分布在南部和東部海拔 500 公尺以下森林中的野塘或湖泊，目前北部某些地區也有穩定的族群出現。少數個體會到溪流和樂仙蜻蜓共同使用棲地。雌蟲產卵時，有「撥水」行為。

學名	*Potamarcha congener congener*	分布環境	海拔 500 公尺以下森林中的野塘或湖泊。
科別	蜻蜓科		
別名	田嬰仔		
體長	約 5 公分	最佳觀察期	2 ～ 11 月

三角蜻蜓

三角蜻蜓♂。

三角蜻蜓雄蟲的複眼為深黑褐色，額部和頭頂為有金屬光澤的深藍色。合胸深藍色，有金屬光澤。翅膀透明，翅脈淡褐色，翅痣為藍黑色，前翅從翅基算起大約有三分之一面積為有金屬光澤的藍紫色，後翅藍紫色的區域大約占了後翅的一半。腹部藍黑色，某些個體的腹部有白色粉末。雌蟲的體型、大小和雄蟲相近，但翅膀藍色的部分沒有金屬光澤。

在台灣本種分布於中、北部海拔 500 公尺以下的沼澤、湖泊或野塘等地區，是一種很局部普遍的蜻蜓。從四月中旬到十月中有成蟲活動的蹤跡，雄蟲喜歡在棲地上空的草叢中低飛，也會停在突出的植物頂端枝頭上；雌蟲會以連續點水的方式產卵。

學名	*Rhyothemis triangularis*	分布環境	中、北部海拔 500 公尺以下的沼澤、湖泊或野塘。
科別	蜻蜓科		
別名	田嬰仔		
體長	約 2.4 ～ 2.8 公分	最佳觀察期	5 ～ 10 月

賽琳蜻蜓

賽琳蜻蜓♂。

賽琳蜻蜓雄蟲的複眼為黑褐色，額部和頭頂為有金屬光澤的藍紫色。合胸為墨綠色，有金屬光澤。翅膀透明，翅脈淡褐色，翅端有一小面積的藍紫色的斑紋，翅結有藍紫色或黑褐色的部分，翅痣為藍紫色，前翅接近基部有三道藍紫色條紋，後翅從翅基算起大約有三分之一面積為有金屬光澤的藍紫色，非常顯眼。腹部藍黑色，腹長約 2.5 ～ 2.6 公分，後翅長約 4.1 ～ 4.5 公分。雌蟲體型、及大小和雄蟲相近，但沒有顯著的金屬光澤。

在台灣本種分布於北部與南部海拔 500 公尺以下的沼澤、湖泊或野塘等地區，是一種不很普遍的蜻蜓，習性也比三角蜻蜓羞澀而敏感。從三月中旬到九月中有成蟲活動的蹤跡，雄蟲喜歡在棲地上空的草叢中低飛，也會停在突出的植物頂端枝頭上，雌雄蟲會連結飛行。

學名	*Rhyothemis severini*	分布環境	部海拔 500 公尺以下的沼澤、湖泊或野塘等地區。
科別	蜻蜓科		
別名	田嬰仔		
體長	腹長約 2.5 ～ 2.6 公分，後翅長約 4.1 ～ 4.5 公分。	最佳觀察期	4 ～ 9 月

藍黑蜻蜓

藍黑蜻蜓

雄蟲複眼暗紅褐色，額部有紫色金屬光澤，合胸與腹部暗墨綠色，有金屬光澤。翅膀黑褐色並透出藍紫色的金屬光澤。雌蟲個體和雄蟲相似，端部有小區域的透明區。

本種係 1996 年才發表的新記錄種，分布於屏東、台東、蘭嶼及台灣北部，喜歡棲息在比較靜止的水域。

學名	*Rhyothemis regia regia*	分布環境	屏東、台東、蘭嶼及台灣北部，喜歡棲息在比較靜止的水域。
科別	蜻蜓科		
別名	田嬰仔		
體長	約 3 ～ 4 公分	最佳觀察期	4 ～ 10 月

大華蜻蜓

大華蜻蜓♂。

大華蜻蜓雄蟲的複眼上半部為暗棕褐色，下半部為暗黑褐色，額部和頭頂有少許的紫紅色金屬光澤。合胸橙黃色或黃褐色，從側面看有細的黑色線紋。翅膀透明，翅基部分的翅脈為紅褐色，後翅的翅基約有四分之一面積的深紅褐色翅斑，翅痣為黃褐色或紅褐色。腹部褐紅色，第8～10腹節黑色，腹長約3.2～3.5公分，後翅長約4.6～4.8公分。雌蟲體型、體色及大小和雄蟲相近，合胸和腹部為黃褐色。

在台灣本種普遍分布於海拔1300公尺以下的湖泊、沼澤、水田或野塘等地區，在中、北部是一種很常見的蜻蜓。整年都有成蟲活動的蹤跡，會以成蟲的型態度冬。雄蟲喜歡沿著池沼來回巡弋飛行，偶爾會停在突出的枝頭上。繁殖季節雄蟲和雌蟲交尾後，雄蟲和雌蟲會連結低空飛行，雌蟲產卵時，雄蟲會暫時放開雌蟲，等產完卵又會連結在一起低飛。

學名	*Tramea virginia*	分布環境	海拔1300公尺以下湖泊、沼澤、水田或野塘等地區。
科別	蜻蜓科		
別名	田嬰仔		
體長	腹長約3.2～3.5公分，後翅長約4.6～4.8公分。	最佳觀察期	2～12月

褐基蜻蜓

褐基蜻蜓♂。

雄蟲複眼上紅下紅褐。合胸紅褐色，從側面看有三條不很明顯的細黑色線紋。翅膀透明，前緣的翅脈為淡橙紅色，翅基有深褐色斑紋，翅痣為黃褐色。腹部紅色，第 8 ～ 9 腹節的背面有黑色斑紋。腹長約 3.1 ～ 3.3 公分，後翅長約 3.8 ～ 4 公分。還沒成熟的個體則為黃褐色，腹部分節處沒有黑色的斑紋，第 8 ～ 9 腹節的背面也有黑色的斑紋。雌蟲體型及大小和雄蟲相近，合胸及腹部黃色或黃褐色，從側面看有三條黑色的斑紋。腹部各節分節的地方有顯著的黑色斑紋。

本種為台灣特有亞種，普遍分布於海拔 400 公尺以下的湖泊、沼澤或野塘等地區，是一種很常見的蜻蜓。從三月中旬到十一月中、下旬有成蟲活動的蹤跡。雄蟲喜歡沿池邊稍微往裡面低空巡弋飛行，偶爾會停在突出的枝頭上休息，雌蟲會停在水邊樹木的頂端，除繁殖季節外，不容易被發現。

學名	*Urothemis signata yiei*	分布環境	海拔 400 公尺以下的湖泊、沼澤或野塘等地區。
科別	蜻蜓科		
別名	田嬰仔		
體長	腹長約 3.1 ～ 3.3 公分，後翅長約 3.8 ～ 4 公分。	最佳觀察期	3 ～ 11 月

四斑細蟌

❶ 四斑細蟌♂ ❷ 四斑細蟌（橙色型—異色型未熟♀） ❸ 四斑細蟌

1971 年，四斑細蟌首次在日本的茨城縣和宮城縣地區被發現，1972 年命名為「廣瀨妹蟌」，台灣晚至 2005 年才被當時就讀小學的小朋友在五股濕地發現。

本種分布於河口沿海地區，淡、鹹水混合的蘆葦叢裡，繁殖、棲息都在隱密潮濕的泥地環境，很少到陽光下活動。由於合胸有四顆蘋果綠

斑點，因此台灣稱牠為「四斑細蟌」。

四斑細蟌以水蠆度冬，隔年春天羽化，成蟲活動約為 3 ～ 11 月間。飛行活動範圍狹小，為肉食性豆娘，雌雄體色相似，但有橙紅色的無斑異色型未熟雌蟲。

學名	*Mortonagrion hirosei Asahina, 1972*	分布環境	河口沿海地區，淡、鹹水混合的蘆葦叢裡。
科別	細蟌科		
別名	廣瀨妹蟌		
體長	約 2.5 ～ 3 公分	最佳觀察期	3 ～ 11 月

蔚藍細蟌

蔚藍細蟌分布於沿海地區的野塘、沼澤等靜水區，主要分布於中、南部西海岸地區，過去分布的北限為苗栗，為稀有的種類。近年來在龜山島以及宜蘭礁溪也有出現的記錄。

學名	*Paracercion melanotum (Selys, 1876)*	分布環境	沿海地區的野塘、沼澤等靜水區。
科別	細蟌科		
別名	黑背尾蟌		
體長	約 2.8～3 公分	最佳觀察期	3～10 月

蝦、蟹和螺貝

早期農業時代，蝦、蟹、台灣蜆、田螺和河蚌，以及溪中的魚，都是農村居民重要的蛋白質來源。只要將畚箕放在灌溉小田溝之中，再用腳在畚箕上攪幾下，就有許多收穫可以拿來加菜。

自從經濟起飛，農藥、化學肥料和除草劑廣泛使用，加上田間灌溉溝渠水泥化之後，已經數十年不曾再看到這幅景象，但願大家早日「覺醒」，讓「摸蚋兼洗褲」的畫面重新展現。

長額米蝦

半透明、有點像駝峰彎曲的身體，加上細長的額角，就是牠們的正字標記。通常喜歡河口的沼澤區，也有一部分族群喜歡住在內陸的野塘、湖泊、水庫中。由於泳姿人見人愛，成為水族造景深受青睞的成員。

牠們喜歡大群聚集，常和潔白長臂蝦混棲，平常會躲在草叢或浮水型水生植物的根叢之中生活。最佳觀察地點在汐止、蘭陽溪與宜蘭河河口、楊梅、蘭潭、尖山埤。

學名	*Caridina longirostris*	分布環境	河口沼澤區，也有一部分族群喜歡在內陸的野塘、湖泊、水庫中。
科別	匙指蝦科		
別名	米蝦	最佳觀察期	3～10月

台灣蜆

有句閩南語的俗諺說：「摸蜊兼洗褲，一兼兩顧」。其中的「蜊」指的就是「蜆」，在台灣，蜆原本有兩、三種，目前常見的是「台灣蜆」，而個體比牠大很多的「台灣大蜆」已經絕種，非常可惜！

台灣蜆喜歡群聚於清澈無汙染的沙質底水域，外殼呈現漂亮的金黃色，因此又有「黃金蜆」的雅稱；棲息在泥質地區，外殼會呈現黑褐色。

據說「台灣蜆」有護肝功能，被製成具有高經濟價值的「蜆精」，已有漁民養殖販售。

學名	*Corbicula fluminea*
科別	蜆科
別名	蜊仔
分布環境	清澈無汙染的沙質底水域。
最佳觀察期	1～12月

河蚌

台灣常見的河蚌可能有三種，目前常見的有圓蚌和稜蚌。圓蚌個體較小，稜蚌能長得較大。

在野塘中，鯉科魚類的高體鰟鮍、台灣石鮒和齊氏石鮒等，會和河蚌「共生」，這幾種小魚的雌魚都有產卵管，在繁殖季節，牠們會將產卵管插到河蚌的體內產卵，雄魚並會在一旁排精，受精卵在河蚌體內孵化、繁衍後代。河蚌的蚤狀幼體也會鉤在這些小型魚類的鰭上面，跟隨牠們擴散出去，很有趣。

學名	*Sinanodonta lauta*	分布環境	清澈無汙染的沙質底水域。
科別	包括珠蚌科、無齒蚌亞科，以及無齒蚌屬貝類。		
別名	田貝	最佳觀察期	1～12月

田螺

台灣蜆、河蚌和田螺是台灣早期農業社會水田中最常見的螺貝類，後來由於使用農藥、化學肥料和除草劑，使得族群數量銳減，加上不當引進外來的福壽螺逸出之後，許多水田常用毒藥消滅福壽螺，但田螺也跟著遭殃。目前，除了有機耕種的地區之外，想看到田螺還真不容易，幸好，現在有越來越多人採用有機栽培，田螺也開始慢慢恢復生機。

田螺炒紫蘇是民間的一道佳餚，不過，田螺常有寄生蟲，想要享受美食，務必煮熟才行，千萬不可生食。

學名 *Sinotaia quadrata*
科別 泛指田螺科的軟體動物
分布環境 清澈無汙染的沙質底水域。
最佳觀察期 1～12月

黃綠澤蟹

本種分布於中央山脈以西從台北到台南海拔1000公尺以下的山溝等地區，喜歡住在泥質的土洞，洞深最深大約可達0.5公尺，有些地方的洞穴除了0.5公尺主穴之外，還會有一個大約0.1公尺的支穴。

黃綠澤蟹的頭胸甲為黃綠色或灰綠色，由於各地的澤蟹屬體色又有差異，有時不易分辨。

淡水蟹身上有許多寄生蟲，最好不要吃牠們，以免惹禍上身。

學名	*Geothelphusa olea*	分布環境	中央山脈以西從台北到台南海拔1000公尺以下的山溝等地區。
科別	溪蟹科	最佳觀察期	1～12月

魚類

在台灣的野塘或湖泊中，住著許多平常大家不怎麼注意的魚類，除了俗稱「總統魚」的翹嘴鮊和紅鰭鮊為大型食用魚類之外，大都體型細小。

許多魚類為了適應野塘低溶氧的靜止水域，都發展出不同的「特異功能」；還有不少種類體色豔麗，被人類當成觀賞魚飼養。

巴氏銀鮈

❶ 巴氏銀鮈♂。
❷ 巴氏銀鮈♀。

2007 年發表的台灣特有種，2009 年公告為保育類。棲息於水深較深而流速緩慢的深潭中，以水生昆蟲、藻類和植物碎屑等為食，通常最大可以長到 5 ～ 10 公分左右。有一對鬚，側線完全，沿體側中央直走。背部黑褐色，腹部白色，有不明顯的縱帶，具金屬光澤，而且有網格斑，每一個鱗片上有小黑點。其在烏溪的棲地，曾於國道六號施工期間被填掉一半，使得原本就稀少的族群幾近滅絕。

台灣的銀鮈共有三種，分別為銀鮈、巴氏銀鮈和飯島氏銀鮈（*Squalidus iijimae*）；銀鮈俗稱大眼銀鮈，分布於北部的淡水河流域，飯島氏銀鮈俗稱飯島氏麻魚，分布於新竹、苗栗一帶。

學名	*Squalidus banarescui*	分布環境	台灣中部烏溪、濁水溪一帶野塘或溪流邊緣的緩流區。
科別	鯉科		
別名	中台銀鮈、車栓仔、麻斑銀鮈		
體長	最大 5 ～ 10 公分	最佳觀察期	3 ～ 10 月

銀鮈

銀鮈分布於台灣北部的淡水河流域，棲息於流速緩慢、水深比較深的池沼或溪流的潭區，新店碧潭附近有穩定的族群。

本種為小型魚類，成魚最大體長約 8 ～ 12 公分，身體細長，背部金黃色，有細小的黑斑，腹部大致為白色，身體側面有一條虛線狀的金色縱帶在側線上方，有細小的黑斑，眼睛很大，口裂也很大，有一對比較長的鬚。

學名	*Squalidus argentatus*
科別	鯉科
別名	大眼銀鮈、車栓仔
體長	最大 8 ～ 12 公分
分布環境	台灣北部淡水河流域流速緩慢、水深較深的池沼或溪流潭區。
最佳觀察期	3 ～ 10 月

高體鰟鮍

❶ 高體鰟鮍♀。❷ 高體鰟鮍♂。

高體鰟鮍是台灣原生種，俗稱牛屎鯽、紅目鯽仔、鱎魚。雄魚是台灣淡水魚中，少數豔麗的魚種之一，在繁殖季節，雄魚的體色特別鮮豔，尾柄中央向前方有一條淺藍色的縱帶，尾鰭中央為紅色縱紋，胸鰭上方有一淺紅色斑，背部淺藍色，頭頂後方帶有金屬光澤，胸鰭和臀鰭末端紅色；眼睛瞳孔周圍紅色。

高體鰟鮍的雌魚有產卵管，牠們有趣的是：將卵產在二枚貝（如河蚌）的鰓瓣內，藉著蚌的保護孵化。牠們主要以附著性藻類及水生昆蟲為食，體形小，最大只能長到 6 ～ 8 公分。

學名	*Rhodeus ocellatus*	分布環境	海拔 1200 公尺以下野塘或緩流區
科別	鯉科		
別名	牛屎鯽、紅目鯽仔		
體長	最大 6 ～ 8 公分	最佳觀察期	3 ～ 10 月

台灣石鮒

❶ 台灣石鮒♀。 ❷ 台灣石鮒♂。

俗稱牛屎鯽、革條副鱊。尾鰭中央有一條黑色縱帶到臀鰭上方，臀鰭末緣為紅色與黑色併排，體側鱗片後緣有黑邊，體側中央有一條藍黑色綜帶到臀鰭的上方。繁殖季有白色追星，嘴角有一對鬚。

台灣石鮒的雌魚也具有細長的產卵管，習性也和高體鰟鮍相同，會把卵產在二枚貝的鰓瓣內，藉蚌的保護而孵化。雌魚除體側後部的黑色縱帶以外，全身為均勻的淺黃褐色。台灣石鮒以附著性藻類和水生昆蟲為食，體形小，最大只能長到 6 ～ 8 公分。

學名	*Paracheilognathus himantegus*	分布環境	海拔 1200 公尺以下野塘或緩流區
科別	鯉科		
別名	牛屎鯽、革條副鱊		
體長	最大 6 ～ 8 公分	最佳觀察期	3 ～ 10 月

齊氏石鮒

有一對鬚，外形和台灣石鮒相似，但眼睛的虹膜為褐色，不像台灣石鮒那樣鮮紅。雌魚有細長的產卵管，習性也和高體鰟鮍與台灣石鮒相同，會把卵產在二枚貝的鰓瓣內，藉蚌的保護而孵化。

以附著性藻類和水生昆蟲為食，最大只能長到 6 ～ 8 公分。

學名	*Tanakia chii*	分布環境	海拔 1200 公尺以下野塘或緩流區
科別	鯉科		
別名	牛屎鯽、革條副鱊、紅目猴貓仔		
體長	最大 6 ～ 8 公分。	最佳觀察期	3 ～ 10 月

台灣梅氏鯿

身體延長，側扁。從腹鰭基部到肛門有一明顯的肉稜。頭小，吻短，眼小，眼間距寬而稍圓鈍。口稍上前，斜裂，可延伸至鼻孔中點的正下方，沒有鬚。體被中大型圓鱗，側線完全。體色為銀白色，背部灰色，側面及腹面為白色。體側中央有一灰黑色的縱帶，體側每個鱗片的基部有小黑點。體型小，一般為 2 ～ 5 公分，最大體長可長至 7 公分。分布在台灣北部，但族群量已日漸稀少。喜好棲息於河川中下游緩流的潭區，以及湖沼的中上層的水域，為雜食性魚類。

學名	*Metzia formosae*	分布環境	台灣北部河川中下游緩流的潭區，以及湖沼的中上層的水域。
科別	鯉科		
別名	台灣細鯿		
體長	一般為 2 ～ 5 公分，最大體長可長至 7 公分。	最佳觀察期	3 ～ 10 月

條紋二鬚鲃

條紋二鬚鲃喜歡住在水流平緩的水域，包括野塘和溝渠。有短鬚一對，雄魚通常只能長到 5 公分左右，雌魚可以長到 8 ～ 9 公分，為世界著名的觀賞魚類。主要食物為有機物碎屑和藻類。牠們的適應力和繁殖力都很強，以前在台灣很普遍，導致目前數量稀少的原因，可能是棲地消失。

學名	*Puntius semifasciolata*	分布環境	水流平緩的水域
科別	鯉科		
別名	紅目 、紅目紅鯽仔		
體長	雄魚通常只能長到 5 公分左右，雌魚可以長到 8 ～ 9 公分。	最佳觀察期	3 ～ 10 月

史尼氏小鲃

史尼氏小鲃有肉眼幾乎看不見的口角短鬚，但很容易脫落；嘴很小，端位。雄魚身體顏色豔麗，背部有金屬光澤；雌魚體色稍淡。生活在野塘或水流緩慢的小溪流，喜歡躲在水生植物下面，以躲避天敵。以水中的小型生物、有機碎屑和藻類等為食。

目前所知僅分布於台灣中部一帶。牠們的適應力和繁殖力都很強，現在卻因為棲地破壞導致稀有。本種曾有一度被認為只有名錄而沒有物種的無效種，後來經確認生存於台灣中部一帶，在烏溪中游和巴氏銀鮈共棲，命運也相同：國道六號施工時，幾乎滅絕。

學名	*Puntius synderi*
科別	鯉科
別名	紅目
體長	最大 7～8 公分
分布環境	僅分布於台灣中部一帶，野塘或水流緩慢的小溪流。
最佳觀察期	3～10 月

鯽魚

鯽魚是台灣原生種，中國大陸也有。以前在台灣農村，很多小孩子都喜歡釣鯽魚玩。

鯽魚身體背部銀灰色，略帶金黃，腹面銀白色，沒有鬚。雜食性。喜歡住在水草多的泥質淺水溪流或野塘。適應力很強，對水溫和鹽分的容忍力很高。最大可以長到 10 公分，重 1 公斤。

學名	*Carassius auratus*	分布環境	水草多的泥質淺水溪流或野塘。
科別	鯉科		
別名	鯽仔		
體長	最大 10 公分	最佳觀察期	3～10 月

鯉魚

鯉魚是鯉科魚類的代表，身體延長而稍稍側扁，背部隆起而腹部圓，有兩對鬚，吻鬚比較短，頜鬚比較長。身體背部暗灰綠色，側面黃綠色，腹面淺灰色，胸鰭和腹鰭淺金黃色。一般觀賞用的錦鯉，是本種經人工育種所得的不同色彩的種類，還有「鏡鯉」也是。

鯉魚是我國養殖的魚類之一，雜食性，喜歡吃螺、蜆、水生昆蟲、水生植物和藻類。生長迅速，兩年約可長至30公分，體重約1～1.5公斤，最大可以超過20公斤。自古以來，鯉魚就被認為是吉祥的象徵，因此有「鯉躍龍門」之說。

學名	*Cyprinus carpio*
科別	鯉科
別名	鮘仔
體長	最大可長至30公分
分布環境	海拔2000公尺以下溪流或野塘
最佳觀察期	3～10月

克氏鱎

身體延長而側扁，背緣比較平直，腹緣稍凸，頭稍尖，側扁。吻短，口端位，斜裂，眼睛中大。側線完全，在胸鰭上方急遽地向下方傾斜，有一個很明顯的角度，走到身體的下半部，在尾柄的地方又折向上到中央部位。體背青灰色，側面和腹面為銀白色，全身具有很強的反光，沒有花紋，身上的鱗片很容易脫落。

屬於初級淡水魚，是台灣低海拔地區常見的魚類。喜歡群聚棲息在溪流、湖泊和水庫等水域的上層。主要攝食藻類，也吃高等植物碎屑、甲殼類和水生昆蟲。繁殖力和適應性都很強，能容忍比較汙濁的水域。

主要分布於西部各地溪流的中、下游一帶、湖泊和各大水庫。在日月潭，漁民常用四角定置網捕捉牠們，形成有趣的畫面。

學名	*Hemiculter leucisculus*
科別	鯉科
別名	奇力魚
體長	最大可長至 30 公分
分布環境	台灣西部低海拔溪流中、下游一帶、湖泊和各大水庫等水域的上層。
最佳觀察期	3～10 月

翹嘴鮊

體延長而側扁，頭背平直，口上位，下頜厚實並明顯地向上突出，沒有鬍鬚。體被小型圓鱗，側線稍下彎。體背部和體側上半部銀灰綠色，下半部和腹面銀白色。各鰭呈灰色，沒有明顯的斑點。成魚的胸鰭和腹鰭呈淺粉紅色。

屬於初級淡水魚，喜歡棲息在溪流的中、下游或湖泊等開闊水域，通常在中、上層活動。喜歡跳躍，成長迅速。性情兇猛，偏肉食性，成魚會捕食其他小型魚類和甲殼類，幼魚則以浮游動物、小蝦及水生昆蟲為食。

學名	*Culter alburnus*	分布環境	台灣分布於中、南部，包括日月潭、曾文水庫和附近的溪流中、下游，通常在中、上層活動。
科別	鯉科		
別名	總統魚		
體長	最大 35 公分	最佳觀察期	3 ～ 10 月

泥鰍

台灣在農業時代的時候，泥鰍多得拿來當做飼料餵鴨子。曾幾何時，牠搖身一變，身價百倍，被人類飼養外銷日本當高級料理。現在野外已經很難找到牠們。

泥鰍有鬚 5 對，體側有不規則的斑點。除了用鰓呼吸外，還可以用腸子呼吸。喜歡住在有爛泥巴的水域，冬季可以潛入泥土中蟄居。雜食性。雄魚的胸鰭長而尖，雌魚的胸鰭小而圓。

學名	*Misgurnus anguillicaudatus*	分布環境	有爛泥巴的水域
科別	鰍科		
別名	土鰍、鰗溜		
體長	約 10 ～ 15 公分	最佳觀察期	3 ～ 10 月

大鱗副泥鰍

分布於台灣各地低海拔的河川中下游、池塘、溝渠和稻田，特別是南部的水域更為常見，廣泛棲息在各種水體，以含有豐富植物碎屑和淤泥的靜止或緩流水域比較多。對環境的適應力和耐汙力非常強，腸壁具有呼吸的功能，能在水中溶氧不足的時候直接吞吸空氣。雜食性，以水生昆蟲、小型無脊椎動物、植物碎屑、藻類等為食物。身體延長，前段略為圓筒形，後部稍微側扁，腹部圓形，背緣線平直；尾柄有皮質隆起而與尾鰭相連。頭部稍側扁，近似圓錐形。吻突出而稍圓鈍。眼小，上側位。口小，下位。尾鰭圓形。體背側灰褐色，腹側為淡黃色，體側散布不規則的黑色細小斑點，或連成線紋；背鰭、臀鰭及尾鰭具深色的細點。

學名	*Paramisgurnus dabryanus*	分布環境	低海拔的河川中下游、池塘、溝渠和稻田，以含有豐富植物碎屑和淤泥的靜止或緩流水域比較多。
科別	鰍科		
別名	紅泥鰍、土鰍、胡溜、魚溜、雨溜		
體長	約 10 ～ 15 公分	最佳觀察期	3 ～ 10 月

青鱂魚

❶ 青鱂魚掛卵。 ❷ 青鱂魚。

在台灣，青鱂魚一度被學術界以為已經絕跡，但最近又被找到少數的族群。牠的體型非常小，最大只能長到 4 公分，生活在平緩的水塘，攝食小型的無脊椎動物。

本種主要棲息在靜水或緩流水域表層，通常會成群在溝渠、池塘、稻田的水表層游動。對於水中溶氧和溫度的變化適應力較強。屬卵生魚類，卵受精後仍然掛在雌魚的生殖孔附近，一直到孵出仔魚後才會離開親魚而自行覓食。

學名	*Oryzias latipes*	分布環境	靜水或緩流水域的溝渠、池塘、稻田表層。
科別	異鱂科		
別名	三界娘仔		
體長	最大長到 4 公分	最佳觀察期	3～10 月

黃鱔

本種原本廣泛分布在全台各地，善於鑽洞行穴居生活，夜行性。可吞入空氣，以口腔內部的表皮組織輔助呼吸，再加上體表可分泌大量的黏液，常可離水面很久而不會死。冬季常潛伏在泥穴中越冬，可長達好幾個月。有變性現象，在性別分化上，具有先雌後雄的性轉換特性。肉食性，主要攝食水生昆蟲，也會捕食蝌蚪、幼蛙和小魚、小蝦等。

多年來由於引進外來的鱔魚，使得原生的黃鱔難覓蹤跡，台灣原生的黃鱔尾部細長且柔軟，外來種的尾部則寬厚像彎刀般的形狀。

學名	*Monopterus albus*	分布環境	海拔 1200 公尺以下野塘或緩流區
科別	鱔科		
別名	鱔魚		
體長	約 50 ～ 60 公分	最佳觀察期	3 ～ 10 月

七星鱧

七星鱧屬於鱧科的魚類，俗稱「鮎魤」，頭部像蛇。通常喜歡居住在溪流、池塘或沼澤水草繁茂的水域，是一種兇猛的肉食性魚類，以魚、蝦和其他小動物為食物。牠們的身上有 8 ～ 9 條倒く字形橫帶，但小魚不明顯，倒是尾鰭基部的黑色圓斑，連幼魚都很清楚。尾鰭後緣圓形，基部有一黑色圓形眼斑，俗稱土地公蓋的印章，很有趣。

成魚在產卵和幼魚剛孵化時，都有保護下一代的習性。由於具有上鰓器，可以探出水面直接呼吸空氣，所以很耐命。

學名	*Channa asiatica*
科別	鱧科
別名	鮎 、月鱧
體長	約 10 ～ 25 公分
分布環境	溪流、池塘或沼澤水草繁茂的水域。
最佳觀察期	3 ～ 10 月

斑鱧

體背側灰褐色，腹部灰白色。背部具一縱行的黑色斑塊，體側具 2 縱行近圓形的黑色斑塊。尾柄及尾鰭基部之間有數行黑白相間的斑紋。一般體長為 10 ～ 30 公分，最大可長到 45 公分。

除花東兩地之外，全台各地河川或湖泊均有分布，以台灣中、北部較為常見。底棲，喜歡棲息在沿岸水草多及淤泥底質的淺水區。適應力很強，在混濁或缺氧的水體中也能生存，短時間離水不會死亡。生長快。性情兇猛，肉食性，以小魚、小蝦、兩棲類和昆蟲等為食。

學名	*Channa maculata*	分布環境	台灣以中、北部較為常見。底棲，喜歡棲息在沿岸水草多及淤泥底質的淺水區。
科別	鱧科		
別名	魚戾 魚、雷魚		
體長	一般體長為 10 ～ 30 公分，最大可長到 45 公分。	最佳觀察期	3 ～ 10 月

蓋斑鬥魚

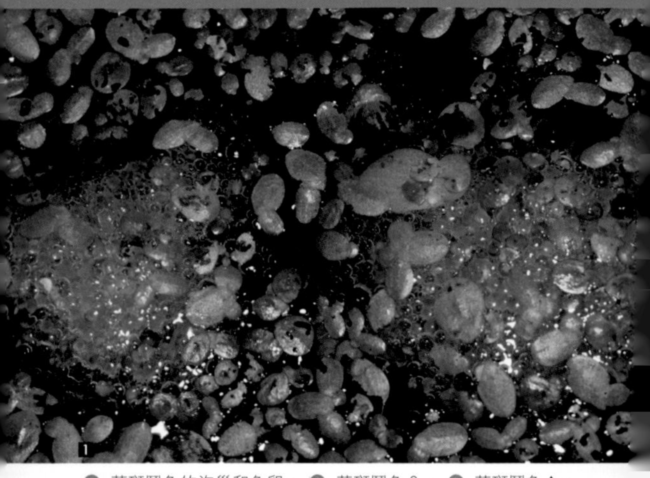

❶ 蓋斑鬥魚的泡巢和魚卵。 ❷ 蓋斑鬥魚♀。 ❸ 蓋斑鬥魚♂。
❹ 剛孵化的稚魚。

蓋斑鬥魚沒有鬚，也沒有側線，腹鰭末端特別延長為絲狀，身體的顏色很豔麗，側面有 10 條藍綠色的橫紋，中間夾淺紅色，但各地的顏色稍有不同。鰓蓋上有一暗綠色的圓斑，最大通常可以長到 5 ～ 7 公分。繁殖期雄魚會吐泡巢讓雌魚產卵黏在泡巢內，孵化後由雄魚照顧到仔魚能自己活動為止。由於牠們的鰓弧特化為「迷器」，可以直接呼吸空氣，所以可以在溶氧量很低的水裡生活。

學名	*Macropodus operculatus*	分布環境	海拔 1000 公尺以下野塘或緩流
科別	鬥魚科 Anabantidae		
別名	三斑、台灣金魚		
體長	最大可以長到 5 ～ 7 公分	最佳觀察期	3 ～ 10 月

2
3
4

塘蝨魚

塘蝨魚有鬚4對，身體光滑沒有鱗，多黏液，側線孔沿身體側面中央直走，身體背部暗灰色，腹部灰白，尾鰭有三條不明顯的橫紋；身體側面有10條由5～6個細小白點排列而成的橫斑。塘蝨魚喜歡住在河川、池塘、水草茂盛的溝渠，常常成群住在一起。可以直接呼吸空氣。肉食性，以魚、蝦、水生昆蟲、軟體動物等為食物，也能離開水邊到陸地上覓食。近年來由於汙染和棲息地日漸消失，已經瀕臨絕種。

學名	*Clarias fuscus*	分布環境	河川、池塘、水草茂盛的溝渠。
科別	塘蝨魚科		
別名	土殺、土蝨、鬍子鯰		
體長	約 10～30 公分	最佳觀察期	3～10月

兩棲類

許多青蛙也是野塘中的次級消費者，牠們的蝌蚪，必須在水中以鰓呼吸，成蛙則上岸換成以肺來呼吸。由於牠們在生活史中水、陸兩棲，所以被稱為兩棲類或兩生類。

在不同的季節裡，有不同的蛙兒鳴叫、求偶以繁衍後代。夏天，是最熱鬧的季節，像貢德氏赤蛙、腹斑蛙和黑眶蟾蜍……等，整個晚上都能聽到牠們幾乎不會停下來的大唱情歌。

黑眶蟾蜍

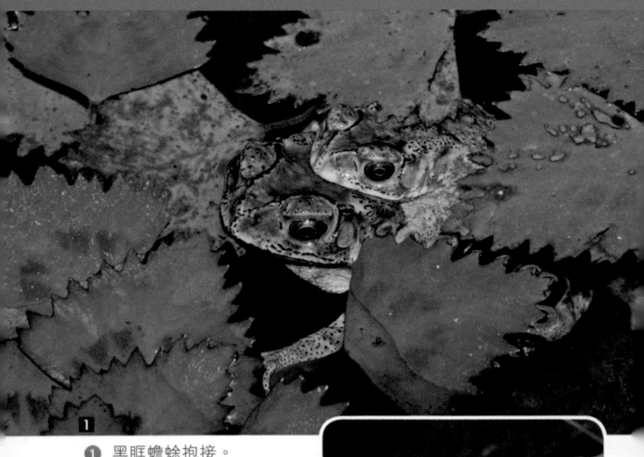

❶ 黑眶蟾蜍抱接。
❷ 黑眶蟾蜍鳴叫。

初春，黑眶蟾蜍便率先打破隆冬的孤寂，開始鳴叫，聲音響澈雲霄；牠們很時髦的帶著黑邊眼鏡，腳趾頭擦上黑色指甲油，正是牠們的招牌特徵。

蟾蜍具有「耳後腺」，遇到危險時，會分泌出白色毒液防衛；產卵時，會以透明的黏膜將很像山粉圓的卵包覆著，可長達幾公尺，繁殖力驚人。

學名	*Bufo melanostictus*	分布環境	野塘、池沼等比較靜止的水域。
科別	蟾蜍科		
別名	癩蛤蟆		
體長	約 5～10 公分	最佳觀察期	2～11 月

中國樹蟾

中國樹蟾鳴叫。

中國樹蟾這可愛的小不點，英文名稱就叫做 Chinese tree frog。綠色的身軀，嘹亮悅耳的鳴叫聲，大老遠就能聽到，趾端有吸盤，以方便牠們在樹上攀爬。

蝌蚪的背上有兩條明顯的金線，是牠們的註冊商標，卵的兩極黑白分明，是最好辨識的蛙種之一。

牠們喜歡棲息在中、低海拔的丘陵區、果園一帶，常躲在月桃、香蕉、野薑花、甘蔗、木瓜等綠色的葉子上，或藏在葉鞘內隱蔽良好的地方，想找牠們必須有好眼力才行。

學名	*Hyla chinensis*
科別	樹蟾科
別名	雨怪、中國雨蛙、雨蛙
體長	約 2 ～ 4 公分
分布環境	中、低海拔的丘陵區、果園一帶。
最佳觀察期	3 ～ 10 月

黑蒙西氏小雨蛙

❶ 黑蒙西氏小雨蛙抱接。
❷ 黑蒙西氏小雨蛙的卵。

可愛的黑蒙西氏小雨蛙，是台灣最小的青蛙成員之一，蛙小聲音大，當牠們鼓起單鳴囊大唱情歌的時候，鳴囊比牠們的身體還要大，看起來就像快要撐破的感覺，真讓人替牠們捏把冷汗。背上的「黑色小括弧」是牠們的重要特徵，可以據此和「小雨蛙」區別。

牠們分布在海拔 1500 公尺以下的開墾地和沼澤水域，春、夏兩季，雄蛙常躲在草叢、石縫或土洞中鳴叫求偶。牠們的卵會成片浮在水面，蝌蚪兩眼之間和尾巴中央有白色銀斑，非常可愛。

學名	*Microhyla heymonsi*	分布環境	海拔 1500 公尺以下的開墾地和沼澤水域。
科別	狹口蛙科		
別名	小弧斑姬蛙		
體長	約 2～3 公分	最佳觀察期	3～9 月

花狹口蛙

花狹口蛙是外來種，據推論是藏在進口的木材中「偷渡」來台灣，或是被當成寵物後來被棄養的。牠們是在台灣的狹口蛙科中，體型最大的一種。通常大蛙會吃小蛙，如果原生的小青蛙遇見了這大個兒，很有可能被吃掉！對生態造成很大的影響。

花狹口蛙遇到危險時，會把全身鼓得圓滾滾的，而且本身具有毒性，幾乎沒有天敵。加上趾端膨大成吸盤，也會爬樹，更是讓牠們如虎添翼。牠們也是單鳴囊，叫聲低沈而宏亮，聲音有點像牛，有時和牛蛙的鳴叫聲還真難以區分。

學名	*Kaloula pulchra*	分布環境	最早於 1998 年在高雄林園及鳳山水庫一帶被發現，目前分布於南部的野塘等靜水域，受全球暖化影響，有漸往北擴散跡象。
科別	狹口蛙科		
別名	亞洲錦蛙		
體長	約 6～8 公分	最佳觀察期	3～9 月

澤蛙

❶ 澤蛙 ❷ 澤蛙鳴叫。

澤蛙是台灣最普遍的青蛙之一，中低海拔到處都有牠們的蹤跡，在水田、沼澤、溪邊的小水塘、甚至下雨之後積水的暫時性水域，都能輕易的發現牠們的蝌蚪悠游其中。

夏天的夜裡，常聽到澤蛙一起鳴叫，一段時間之後，鳴叫聲中還會夾雜著連續的「ㄍㄧㄍㄡ－ㄍㄧㄍㄡ」聲；牠們有中間分隔的單鳴囊，看起來很像雙鳴囊。

澤蛙的體色很多，從褐色到綠色都有，部分個體還有一條不同顏色的背中線，背部有許多長短不一的棒狀突起，看起來超像虎皮蛙的幼蛙。牠們的卵常呈片狀漂浮在水面，繁殖期從 2 月一直到隔年 10 月。

學名	*Fejervarya limnocharis*
科別	赤蛙科
別名	田蛙、拐仔
體長	約 4 ～ 6 公分
分布環境	中低海拔水田、沼澤、溪邊的小水塘、甚至下雨之後積水的暫時性水域。
最佳觀察期	2 ～ 10 月

虎皮蛙

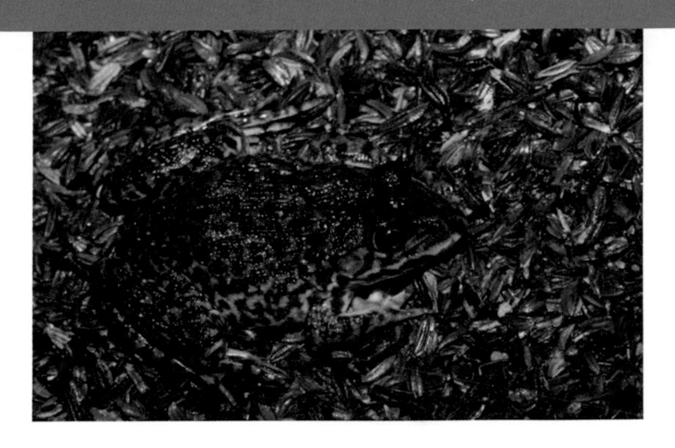

虎皮蛙俗稱「水雞」或「田雞」，早期農業時代，到處都有虎皮蛙的蹤跡，那時候，一般民眾的蛋白質來源普遍不足，夜裡提著瓦斯燈捕捉虎皮蛙來加菜是非常普遍的現象。60 年代以後，台灣有許多水田轉作成果園，許多池沼也被填平蓋高樓，使得棲地迅速消失，加上農藥、除草劑和化學肥料大量使用，虎皮蛙的族群因此銳減，目前除了南部少數地區之外，想要找一隻野生的虎皮蛙已經很難了。

虎皮蛙體型中大，個體可長大到 15 公分左右，背上有許多排列整齊的長條狀突起。生性羞澀、隱密，常常只聞其聲，不見其影。鳴叫聲為低沈的「ㄛㄡ！ㄛㄡ！ㄛㄡ！ㄧㄛㄡ！ㄛㄡ！」

學名	*Hoplobatrachus rugulosa*	分布環境	中低海拔水田、沼澤。
科別	赤蛙科		
別名	虎紋蛙、田雞、水雞、蛤蟆		
體長	可長大到 15 公分左右	最佳觀察期	3～9月

長腳赤蛙

❶ 長腳赤蛙的卵。 ❷ 冬季繁殖的長腳赤蛙。

長腳赤蛙和梭德氏赤蛙長得超像，但兩種的棲地完全不同，梭德喜歡溪流，長腳則喜歡靜水區的野塘或池沼。在寒冷的冬天，幾乎所有的蛙兒都躲起來，長腳赤蛙卻很勇敢的求偶、產卵、繁殖。

學名	*Rana longicrus*
科別	赤蛙科
體長	約 4～6 公分
分布環境	靜水區的野塘或池沼
最佳觀察期	11～2 月

台北赤蛙

台北赤蛙曾分布在全台低海拔的水田、沼澤、池塘等地，由於農藥和除草劑濫用，已使得牠們的族群大量減少，因此被列保育類。

這種可愛的綠色赤蛙，個子嬌小，連鳴叫聲也很秀氣，聲音小得幾乎快聽不到，鳴叫聲接近「嘰」聲，不會像澤蛙那樣大合唱。台北赤蛙的繁殖季節在春天到夏天，牠們的卵會黏在水草上，屬於附著性卵。背部綠色或黃綠色，體側有白色的背側褶，內外側各有一條黑色縱帶，腹側有一條白色縱帶，構成美麗的身影。

傳說如果敢欺負牠們會被雷劈，因此外號稱為「神蛙」或「雷公蛙」。

學名	*Rana taipehensis*
科別	赤蛙科
別名	雷公蛙、神蛙
體長	約 3 ～ 5 公分
分布環境	低海拔的水田、沼澤、池塘等地。
最佳觀察期	3 ～ 9 月

金線蛙

金線蛙背上有一條金黃色或黃綠色的背中線，搭配著綠色的身影，是台灣赤蛙科之中，最漂亮的中大型蛙類之一。分布在全台灣海拔1000公尺以下的水田、池沼區，生性隱密機警，喜歡躲在荷花、睡蓮、茭白筍、水稻、水芋等水田中，一遇驚擾，會立刻跳入水中躲藏。

雄蛙沒有鳴囊，鳴叫聲音很小，為間歇性而短促的「嘰啾」聲。春、夏兩季是牠們的繁殖期。蝌蚪褐綠色，身上有許多深褐色斑點；由於常被捕捉，數量變得稀少，2008年被列為保育類。

學名	*Rana fukienensis*	分布環境	海拔1000公尺以下的水田、池沼區。
科別	赤蛙科		
別名	青腰仔		
體長	約5～10公分	最佳觀察期	3～9月

腹斑蛙

「ㄍㄟˊ－ㄍㄟˊ－ㄍㄟˊ－ㄍㄟˊ……」在夏天的夜裡，如果聽到這種響亮的鳴叫聲，沒錯！那正是腹斑蛙的叫聲，而且會一隻接著一隻鳴叫，形成大合唱，讓人印象深刻。牠們有著肥胖的黑褐色身軀，腹部有斑點，眼睛後面有一黑色菱形斑，據說用來保護耳膜。

腹斑蛙的領域性很強，當雄蛙誤闖別人的地盤，常會猛烈打架，直到闖入者被驅離為止。牠們有一對外鳴囊，鳴叫時常鼓得大大的。在台灣，腹斑蛙普遍分布在 2000 公尺以下的山區池沼或靜止的野塘等水域，繁殖期從 3 月到 9 月。

學名	*Rana adenopleura*	分布環境	2000 公尺以下的山區池沼或靜止的野塘等水域
科別	赤蛙科		
體長	約 6～7 公分	最佳觀察期	3～9 月

貢德氏赤蛙

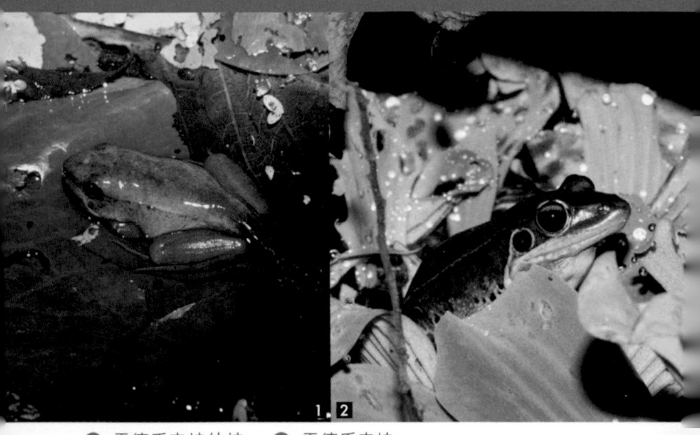

❶ 貢德氏赤蛙幼蛙。 ❷ 貢德氏赤蛙。

從春末到夏天，無論白天或夜晚，在許多池沼、野塘中，常聽到一種叫聲像狗叫的青蛙在鳴叫、求偶，這種叫聲響亮又好像叫不累的蛙兒，就是貢德氏赤蛙，因此有「狗蛙」的封號。有時，牠們的鳴叫聲太大，常惹得附近居民發出抗議。

牠們分布於低海拔地區，雖然叫聲大、體型也大，但個性卻很膽小，一但有人類或其他動物接近，便迅速跳入水中躲藏。牠們的上、下唇白色，鼓膜周圍也是白色的，好像戴了白耳環。背部棕色或淺褐色。有一對外鳴囊，鳴叫時常鼓得大大的。身體兩側有明顯的背側褶。

學名	*Rana guentheri*	分布環境	低海拔地區池沼或靜止的野塘等水域
科別	赤蛙科		
別名	狗蛙、沼蛙、石蛙		
體長	約 6～12 公分	最佳觀察期	2～9 月

美洲牛蛙

牛蛙原產於美洲，1951 年引進台灣養殖。由於部分族群逃逸，加上某些宗教團體不當放生，導致現在很多地方都有牠們的蹤跡。

牛蛙外觀不像牛，但鳴叫聲卻超級像。這種大型蛙的體長可達 20 公分，是目前台灣能見到的 33 種青蛙中體型最大的，會捕食體型比牠們小的青蛙，是蛙類一族的暴君，對本土生態威脅甚巨！

牠們的繁殖力超強，母蛙一次可產 4 萬多顆卵，壽命長達 15 年以上，一隻牛蛙一生可產數十萬顆卵，真是驚人。因此，隨便引進外來種及不當的放生，實在是後患無窮！

學名	*Rana catesbeiana*
科別	赤蛙科
別名	
體長	可達 20 公分
分布環境	1951 年從美國引進台灣，目前已擴散到全台各地水田、野塘等地。
最佳觀察期	3～9 月

艾氏樹蛙

艾氏樹蛙是很有「愛心」的青蛙，會在竹筒或樹洞中產卵，雄蛙會「護卵」，雌蛙也會定時回到第一次產卵的竹筒，產下未受精的卵給蝌蚪吃。

艾氏樹蛙身體的顏色變化很大，從綠色到褐色都有，鳴叫聲為不連續的「嗶」聲單音，每叫一聲之後，會隔一段時間之後才再叫第二聲、第三聲……，很有規律。和牠們近似的面天樹蛙，鳴叫聲則是連續而短促的「嗶」聲，很容易分辨。

牠們背上有 X 或 H 形的深色斑，皮膚上有許多顆粒狀突起。在西部，繁殖季為 3 月到 9 月；而在東部則是 9 月到第二年的 3 月，何以不同則不得而知。

學名	*Kurixalus eiffingeri*	分布環境	分布於森林中，在竹筒或樹洞產卵、繁殖。
科別	樹蛙科		
體長	約 3 ～ 5 公分	最佳觀察期	西部 3 ～ 9 月，東部 9 月～ 3 月

莫氏樹蛙

❶ 莫氏樹蛙。 ❷ 莫氏樹蛙的卵。

莫氏樹蛙這可愛的小不點，叫聲有點像一長串的火雞啼叫聲「溝囉、溝囉、溝囉、溝囉、溝囉、溝囉、溝囉……」很可愛，而且聲聲悅耳動聽。

牠們是台灣分布最廣的綠色樹蛙，背部綠色，部分個體帶有白點，腹面和側面有黑斑，大腿內側為鮮豔的橘紅色，眼睛虹膜橘紅色或黃色，是非常漂亮的青蛙樹。蛙通常都會築泡巢產卵。

學名	*Rhacophorus moltrechti*
科別	樹蛙科
體長	約 4 ～ 6 公分

分布環境	分布於海拔 3000 公尺以下的森林中。
最佳觀察期	北部 3 ～ 9 月，東部 9 ～ 3 月

翡翠樹蛙

翡翠樹蛙因背部顏色為美麗的翡翠綠而命名，也是一種可愛的小不點，眼睛虹膜黃色，有一條金黃色的過眼線，在背部和腹部的交接處，有一條白色紋，腹部、腹側和股部經常有大型的黑斑。

分布在新北市的南、北勢溪流域、宜蘭和桃園的中、低海拔山區。雄蛙有單一的外鳴囊，差不多終年都會鳴叫、繁殖，鳴叫聲接近「哇！喔！－哇！喔！」，最盛期為秋季的 9 ～ 11 月及春季。

學名	*Rhacophorus prasinatus*	分布環境	在新北市南、北勢溪流域、宜蘭和桃園中、低海拔山區。
科別	樹蛙科		
體長	約 5 ～ 8 公分	最佳觀察期	1 ～ 12 月

橙腹樹蛙

橙腹樹蛙背部翠綠色，部分個體有小白斑，身體兩側各有一條白色皮褶，沒有斑點，腹部為漂亮的橙紅色，有「紅心芭樂」之戲稱；鳴叫聲接近連續或間斷的「ㄉㄨㄞˊㄉㄡˊ ㄧㄉㄨㄞˊㄉㄡˊ」。分布於宜蘭、高屏及花東的中低海拔山區，整個海岸山脈的森林區都有牠們的蹤跡，但數量可能不多。

雌蛙在樹穴或已盛裝雨水的廢輪胎附近產泡巢卵，蝌蚪常和樹穴蜻蜓的水蠆混棲生活在其中，並有可能成為水蠆的食物。繁殖期以春、秋兩季為主；在非繁殖期，棲息於高大的喬木上面，生性隱密，不容易發現牠們。

學名	*Rhacophorus aurantiventris*	分布環境	宜蘭、高屏及花東的中低海拔山區。
科別	樹蛙科		
別名	山中隱士		
體長	約5～8公分	最佳觀察期	3～9月

布氏樹蛙

在 4 到 9 月的夜晚，常聽到高亢類似敲擊竹筒或硬物的「ㄍㄡ·——ㄍㄡ·——ㄍㄡ·——ㄍㄡ·——ㄍㄡ·」聲，那就布氏樹蛙雄蛙的傑作；如果許多雄蛙一起鳴叫，那聲勢就更浩大，簡直像古時候軍隊進攻擂起戰鼓。

這種中型的樹蛙，背部紅褐或黃褐色，有 2～4 條深色縱帶，身上有斑點，鼠蹊部和後肢股部有清晰的網狀花紋，被戲稱為最性感的青蛙。

在繁殖期，雌蛙會在靜水域附近踢卵泡產卵。蝌蚪的吻端有一清楚的白點。全台灣除高海拔地區之外，都有牠們的蹤跡。

學名	*Polypedates braueri*	分布環境	樹林、靜水區
科別	樹蛙科		
別名	大頭樹蛙、布氏樹蛙		
體長	約 5～7 公分	最佳觀察期	3～9 月

斑腿樹蛙

❶ 斑腿樹蛙♀。❷ 斑腿樹蛙♂。

斑腿樹蛙的雄蛙背上有漏斗或X狀斑，鳴叫聲類似急促而連續的打機關槍；雌蛙體型大約是雄蛙的3～5倍，背上的斑紋較淡或無。春末開始做泡巢產卵。蝌蚪和白頷樹蛙長得幾乎一模一樣，吻端有白點。

學名	*Polypedates megacephalus*	分布環境	海拔1000公尺以下墾地、靜水區。
科別	樹蛙科 Rhacophoridae		
體長	約5～7公分	最佳觀察期	2～10月

小雨蛙

小雨蛙蛙小聲音大，常常數隻齊鳴就會震耳欲聾。成蛙體型很小，雄蛙大約 2.5 公分，雌蛙大約 2 ～ 3 公分；背部為土褐色或棕灰色，背部中央有一個深褐色、左右對稱的塔狀斑紋，斑紋兩側有平行的細小縱紋。部分個體有顏色較淡的背中線。皮膚光滑，但是有一小小疣粒。雄蛙體型比雌蛙小，有單一咽下鳴囊。

小雨蛙喜歡棲息在水田、野塘、池沼或溼地，經常躲在落葉堆中，由於體色和環境極為接近，形成超優的保護色，如果不仔細找，還真不容易發現這些小不點的蹤跡！

學名	*Microhyla ornata Dumeril et Bibron, 1841*	分布環境	水田、野塘、池沼或溼地，經常躲在落葉堆中。
科別	狹口蛙科		
別名	飾紋姬蛙		
體長	雄蛙大約2.5公分，雌蛙大約2～3公分。	最佳觀察期	3～8月

巴氏小雨蛙

巴氏小雨蛙雄蛙的鳴叫聲很像鴨子叫，體型很小，雄蛙體長大約只有2公分，雌蛙也只有2～2.5公分左右。

和其他小雨蛙最不同的地方在於皮膚粗糙，背部和四肢都長滿疣粒；雄蛙有單一咽下鳴囊。

本種零散分布於中南部低海拔山區，平常躲在落葉堆中，好像擁有隱身術一般，很難被發現。在繁殖季節，會出現水溝的落葉堆中或是水邊的草叢之中；蝌蚪喜歡野塘或池沼等比較靜止的水域。

學名	*Microhyla buteri (Boulenger, 1901)*	分布環境	落葉堆中或是水邊的草叢之中；蝌蚪喜歡野塘或池沼等比較靜止的水域。
科別	狹口蛙科		
別名	粗皮姬蛙		
體長	雄蛙大約2公分，雌蛙大約2～2.5公分。	最佳觀察期	3～8月

史丹吉氏小雨蛙

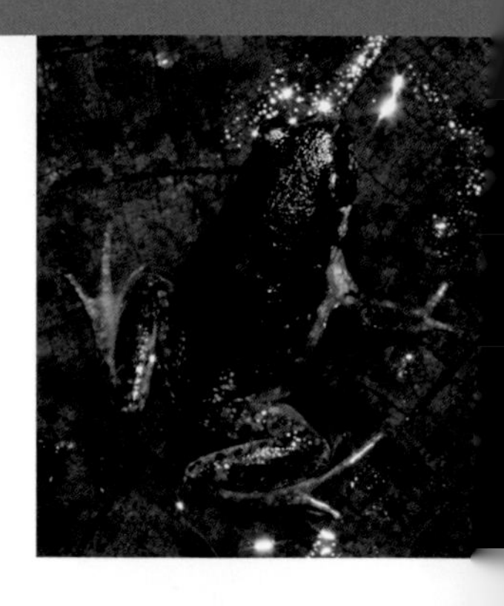

史丹吉氏小雨蛙為台灣特有種，這種小不點雄蛙的鳴叫聲很像蟲叫，特別像是螻蛄的鳴聲，分辨的要訣在於螻蛄的鳴聲長時間不間斷，而史丹吉則每隔一段時間（大約 10 ～ 20 秒）會間斷，然後再發出同樣的聲音。牠們常常整群一起鳴叫，震耳的程度比小雨蛙、黑蒙西氏小雨蛙還要嚇人！

平常想找史丹吉氏小雨蛙還不太容易，但在夏季四、五月暴雨過後，常有短暫時間內（只有一、兩天）大發生的現象，數百隻史丹吉氏小雨蛙齊鳴的場景，實在令人難忘！在大發生之後，這群小不點就如鳥獸散一般，讓人找不到牠們的藏身之處。

和小雨蛙一樣，史丹吉氏小雨蛙有單一咽下鳴囊，雄蛙體長只有 2.3 公分左右，雌蛙大約 2.7 公分；蝌蚪喜歡住在野塘或池沼當中。

學名	*Micryletta steinegeri (Boulenger,1909)*	分布環境	零散分布在中南部近郊及花東等森林底層的暫時性水池及落葉堆。
科別	狹口蛙科		
別名	臺灣娟蛙、史氏姬蛙		
體長	雄蛙大約 2.3 公分，雌蛙大約 2.7 公分。	最佳觀察期	4 ～ 6 月

鳥類

鳥類在野塘生態系中，扮演著最高消費者的角色，舉凡魚、蝦、蟹、螺貝、水蟲、植物等，都是牠們的佳餚。

野塘中，鳥類種類和數量越多，代表環境品質越好；野塘、池沼、湖泊或水田中，也要有鳥兒棲息才顯得美麗而有生命力。

小鸊鷉

在台灣的許多野塘中，小鸊鷉是非常普遍的水鳥，常小群棲息在野塘或湖泊中，雌鳥會背負雛鳥在水中游泳。眼睛黃色，可以輕易的和同科其他鳥類區別，體型也比台灣的其他三種鸊鷉小。

喜歡捕食小魚、小蝦為食，幼鳥也會捕食蜻蜓或豆娘。牠們的游泳和潛水技術非常高超，可以潛入水中很久才從另一處冒出頭來。

學名	*Podiceps ruficollis*	分布環境	野塘或湖泊
科別	鸊鷉科		
體長	約 25 ～ 30 公分	最佳觀察期	1 ～ 12 月

紅冠水雞

一身黑衣裳，冠上紅紅的嘴巴，是紅冠水雞的註冊商標，嘴的前端黃色，腳黃綠色。以植物種子、嫩葉，以及小魚、小蝦和小昆蟲等為食。

通常會成小群的棲息在野塘、池沼、水田、沼澤或溪邊等植物茂密的地方。很會游泳，但不太會飛，要飛之前還需要「助跑」，而且只能短距離飛行。生性羞怯，一遇風吹草動等干擾，便會迅速躲入草叢中。

學名	*Gallinula chloropus*	分布環境	野塘、池沼、水田、沼澤或溪邊等植物茂密的地方。
科別	秧雞科		
體長	約 33 公分	最佳觀察期	1～12 月

水雉

俗稱「菱角鳥」的水雉，北、中、南都曾發現，以前數量還算普通，但由於棲地被破壞，曾經一度瀕危。目前台南官田有一處「水雉生態教育園區」，除了復育水雉，同時也進行生態教育解說。

水雉喜歡小群漫步在水生植物的葉片上覓食，棲息於野塘、湖泊、沼澤、菱角田、芡實田等水域。以小魚、小蝦，以及植物嫩葉、種子等為食。在水面上築巢，由雄鳥負責孵卵、育雛。

學名 *Hydrophasianus chirurgus*
科別 水雉科
別名 菱角鳥
體長 約 52 公分

分布環境 野塘、湖泊、沼澤、菱角田、芡實田等水域。
最佳觀察期 1～12 月

綠頭鴨

綠頭鴨是冬候鳥，台灣現在已經有很多地方加以飼養、馴化，變成了留鳥。雄鳥嘴黃綠色，腳紅色，頭部到上頸為有金屬光澤的暗綠色，頸部有白色的頸環，下頸、背、胸為暗褐色，尾上覆羽黑色，而且向上捲。雌鳥嘴橙黃色，上嘴有黑斑，腳黃色，全身褐色，有暗褐色斑紋。

綠頭鴨喜歡住在野塘、湖泊、河口、沙洲、沼澤等地，常和其他種類的鴨子混棲生活。以水生動、植物為食物。

學名	*Caridina longirostris*	分布環境	野塘、湖泊、河口、沙洲、沼澤等地。
科別	雁鴨科		
體長	約 58 公分	最佳觀察期	10～3 月

赤頸鴨

赤頸鴨的嘴鉛灰色，前端黑色，腳黑灰色。雄鳥從頭部到上頸這部分為暗深紅褐色，從額部到頭頂為乳黃色，從後頸到背部灰色，有黑色細紋，腹部白色。體側有一道非常顯眼的白色斑紋。雌鳥全身暗褐色，羽毛邊緣的顏色比較淡，腹部白色。

赤頸鴨是常見的冬候鳥，喜歡在河口、沙洲、野塘、沼澤和湖泊生活，以水生動、植物為食。關於牠們的詳細生活史，目前所知不多，需要大家努力深入研究。

學名	*Caridina longirostris*	分布環境	河口、沙洲、野塘、沼澤和湖泊。
科別	雁鴨科		
體長	約 41 ～ 52 公分	最佳觀察期	10 ～ 3 月

小辮鴴

　　後頸有很像辮子的冠羽，就是小辮鴴的金字招牌。牠們的嘴黑色，腳暗紅色，背部暗綠色而帶有金屬光澤，還略帶紅褐色。

　　小辮鴴是過境鳥，每年春耕之後，水稻開始分蘖時節來到台灣。通常三、兩隻聚在水田中，部分地區則會成群集結，以小昆蟲或小動物為食。但關於其他生態和習性，目前所知仍不多。

學名	*Vanellus uanellus*
科別	鴴科 Charadriidae
體長	約 30 公分
分布環境	大面積之水田、溼地等。
最佳觀察期	10～3 月

國家圖書館出版品預行編目資料

野塘：122種野塘生物的奧祕 / 詹見平作,
——第一版.——
新北市 ； 人人, 2015.07
面 ； 公分. ——（自然時拾樂系列）
ISBN 978-986-461-005-1（平裝）
1.生物志 2.池塘 3.臺灣
366.33 104012790

自然時拾樂系列

野塘

122種野塘生物的奧祕

作者／詹見平
系列主編／樓國鳴
美術裝幀／洪素貞
發行人／周元白
排版製作／長城製版印刷股份有限公司
出版者／人人出版股份有限公司
地址／23145新北市新店區寶橋路235巷6弄6號7樓
電話／（02）2918-3366（代表號）
傳真／（02）2914-0000
網址／http://www.jjp.com.tw
郵政劃撥帳號／16402311 人人出版股份有限公司
製版印刷／長城製版印刷股份有限公司
電話／（02）2918-3366（代表號）
經銷商／聯合發行股份有限公司
電話／（02）2917-8022
第一版第一刷／2015年7月
定價／新台幣 200元